Wolfgang Elsässer

ISDN und Lokale Netze

Excel 5.0 für Techniker und Ingenieure
von Hans-Jürgen Holland und Frank Bracke

**SuperVGA – Einsatz
und professionelle Programmierung**
von Arthur Burda

C/C++ Werkzeugkasten
von Arno Damberger

ISDN und Lokale Netze
von Wolfgang Elsässer

**Professionelles Datenbank-Design
mit Access 2.0**
von Ernst Tiemeyer und Klemens Konopasek

Virtual Reality
von Frank Eckgold

Objektorientierte Programmierung mit Smalltalk/V
von Sven Tietjen und Edgar Voss

Telekommunikation mit dem PC
von Albrecht Darimont

**Online-Recherche
Neue Wege zum Wissen der Welt**
von Peter Horvath

Vieweg

Wolfgang Elsässer

ISDN und Lokale Netze

Integration von Datenverarbeitung und
Kommunikation im Betrieb mit ISDN

CIP-Codierung angefordert

Gedruckt auf säurefreiem Papier

ISBN-13: 978-3-322-83076-0   e-ISBN-13: 978-3-322-83075-3
DOI: 10.1007/978-3-322-83075-3

Vorwort

Die Evolution der Datenverarbeitung ebenso wie das wachsende Bedürfnis der Kommunikation und des Informationsaustausches führen zu ständiger Veränderung und Neuorientierung in den Verwaltungen. Nachrichten und Daten müssen immer schneller und aktueller zur Verfügung stehen, dabei gewinnt der Zwang zur Kostensenkung mehr und mehr an Bedeutung.

Nun sind in der EDV-Welt seit längerem Umwälzungen im Gange, welche sowohl in technischer als auch in organisatorischer und personeller Hinsicht Veränderungen nach sich ziehen. Neue Technologien und Topologien sind im Anmarsch, während manch Bewährtes nicht mehr Schritt halten kann. Der Vormarsch des PC und die ständige Weiterentwicklung der Technik im allgemeinen sowie der Softwaremethoden im besonderen führen zwangsläufig zu veränderten Kommunikationsformen. Downsizing, Client/Server-Technik und schnellere Übertragungswege „inhouse" und überregional, wie ISDN von Telekom, sind mittlerweile Tatsachen.

Die Nutzung der „neuen" Möglichkeiten, die teils gar nicht so neu sind, in Kombination untereinander ist Zweck dieses Buches. Dabei wird, soweit als nötig und möglich, auf die Technik eingegangen mit Möglichkeiten und Grenzen, vor allem jedoch auf die praktische Seite. Der Nutzer soll einen kleinen Leitfaden in die Hand bekommen, der ihm hilft, diese Gesamtproblematik besser zu überschauen. Anhand von Beispielen und Kostenbetrachtungen können Planungen und Investitionsvorhaben, vor allem auch in punkto Zukunftssicherheit, unterstützt werden. Dieses Buch ersetzt jedenfalls **nicht** vorhandene und gute Literatur, im Gegenteil: bei Vertiefung in Einzelthemen ist das Arbeiten damit absolut nötig.

Inhaltsverzeichnis

1   Grundlagen EDV und Netze 1
   1.1   EDV-Grundtechniken 1
   1.2   Netzwerk-Einführung 13
   1.3   Das ISO/OSI-7-Schichten-Modell 19
   1.4   Kommunikation und Geschichte 23

2   Der PC im Netz-Verbund 27
   2.1   LAN's und Grundlagen 28
   2.2   Workgroup Computing 36
   2.3   Client/Server-Ansätze 39
   2.4   Corporate Networking, Internetworking 42

3   Das Fernmeldenetz der DBP Telekom 43
   3.1   Das Fernsprechnetz 43
   3.2   Das IDN 46
   3.3   Funknetze 47

4   Die Services im Fernmeldenetz 49
   4.1   Datex-P 49
   4.2   Datex-L 50
   4.3   Datex-J 51
   4.4   Telefondienste und Serviceangebote
       im Fernsprechbereich 53
   4.5   Telefax 54
   4.6   Telex 55
   4.7   Teletex 56
   4.8   Temex 56
   4.9   Private Netze 57
   4.10   Modacom 57
   4.11   Kosten und Gebühren 58

5   ISDN-Grundlagen 65
   5.1   Was ist ISDN? 65
   5.2   Das ISDN-Leistungsangebot im Telefondienst 68

5.3   Grundsätzliches zur Digitalisierung 72

5.4   Basisanschluß 75

5.5   Primärmultiplexanschluß 78

5.6   Verbindungen zu anderen Netzen 79

5.7   Breitband-ISDN, ATM, Frame Relay? 81

5.8   Euro-ISDN 82

5.9   Kosten und Gebühren 84

6   Datenübertragungsaspekte im ISDN 87

6.1   Terminal-Adapter und ISDN-Adapterkarten 89

6.2   Fest- / Wähl- / semipermanente Verbindungen 93

6.3   Der Einsatz von Modems 95

6.4   Channel-Bundling 97

6.5   GBG's für DÜ 99

6.6   Mobile DE (=Datenerfassung) 100

6.7   Kompression / Chiffrierung 101

6.8   Datensicherung / Schutzvorkehrungen /
      Sicherheitsaspekte 103

7   Der PC als multifunktionales ISDN-Endgerät 105

7.1   ISDN-Endgeräte 106

7.2   ISDN am Arbeitsplatz 120

7.3   Dienstenutzung 122

7.4   Common-ISDN-API (CAPI) 127

7.5   APPLI/COM 129

7.6   ISDN und Netzbetriebssysteme 130

7.7   Multimedia 133

8   Praktische Lösungsansätze 135

8.1   Allgemeines 135

8.2   Anwendungs-Gruppierungen 137

8.3   Beispiele (Praxis und Modelle) 139

8.4   ISDN-Antragsformular 147

9   Anhang A: Glossar und Abkürzungen 151

10 Anhang B: DBP-spezifische Abkürzungen 171

11   Anhang C: CCITT-Empfehlungen für ISDN 179

12   Anhang D: Begriffe der DBP Telekom 183

13   Abbildungsverzeichnis 187

14   Literaturverzeichnis 189

Nachwort 193

Sachwortverzeichnis 195

1 Grundlagen EDV und Netze

Die zunehmende Verflechtung der klassischen Datenverarbeitung, auch unter dem Begriff EDV (Elektronische Daten-Verarbeitung) geläufig, mit dem ebenfalls klassischen Thema „Kommunikation" oder auch Telekommunikation, läßt es als notwendig erscheinen, daß gewisse Grundlagen aus beiden Bereichen analysiert bzw. erläutert werden sollten. Eine Einführung in die Computerwelt kann das natürlich nicht sein, da diese Thematik alleine den Rahmen des Buches sprengen müßte. Ebensowenig kann die Kommunikation in ihren vielfältigen Erscheinungsformen hinreichend untersucht werden. Dennoch ist es unverzichtbar, sich mit bestimmten und relevanten Fakten auseinanderzusetzen. Die beiden Hauptthemen des Buches sind „PC im Netz" sowie „ISDN". Im Kapitel 2 wird das erste Thema aufgegriffen, und das Kapitel 5 befaßt sich mit dem ISDN-Basiswissen. Es wird an dieser Stelle auch nochmals auf die Anhänge hingewiesen, hier insbesondere auf das Glossar. Der Leser bringt mit Sicherheit unterschiedliches Wissen und auch differenzierte Interessen mit. Deshalb sollen in diesem Kapitel zur Einführung einige grundlegende Tatsachen angesprochen werden und gleichzeitig verschiedene „Denkanstöße" zum ansonsten recht komplexen Themenkreis gegeben werden.

1.1 EDV-Grundtechniken

Die elektronische Datenverarbeitung ist mittlerweile eine ganz alltägliche Einrichtung in nahezu jedem Unternehmen geworden. Das elektronisch gesteuerte Abspeichern, Wiederfinden und nach gewissen logischen Gesichtspunkten zu steuernde Verarbeiten von Daten aller Art ist in typischen Verwaltungen zu einer Institution geworden. Der Dreh- und Angelpunkt jeglicher elektronischer Datenverarbeitungstätigkeit ist der Computer. Er stellt die zentrale Komponente dar, in welchem „die Fäden zusammenlaufen". Ohne auf rein technische Details einzugehen, werden im nachfolgenden die wesentlichen Gesichtspunkte des „Datenverarbeitens" beleuchtet.

1.1.1   Bits und Bytes als Grundlagen

Was sind nun eigentlich Daten? Vereinfacht gesagt: Informationen, die Aussagen über bestimmte Sachverhalte geben können. Daten bestehen im Prinzip aus den Buchstaben, den Ziffern und einer Reihe von Sonderzeichen, technisch betrachtet. Der Anwender betrachtet die Daten aus einer anderen Sicht. Für ihn sind Daten solche Dinge wie Adressen, Beträge, Meßwerte, Artikelnummern, Telefonverzeichnisse und Namen. Daten sind also Informationen, die Auskunft über irgendwelche Tatsachen und Vorgänge geben. Daten sind also quantifizierbare Begriffe. Da jeder Computer auf elektronischer Basis arbeitet, sind für ihn die Zustände „Aus" und „Ein" relevant. Diese zwei Zustände bilden die Basis der Digitaltechnik. Jede Datenhaltung auf den unterschiedlichen Speichermedien geschieht im Prinzip dadurch, daß die Werte „binär codiert" werden. Das heißt nichts anderes, als daß jeder Buchstabe, jedes Zeichen und jede Zahl in einer Kombination aus Nullen und Einsen verschlüsselt gespeichert werden. Die kleinste digitale Einheit nennt man „bit". So ein bit

BIT

kann nun entweder den Inhalt Null=aus oder Eins=ein annehmen.

BYTE

Die kleinste adressierbare Speichereinheit oder Speicherstelle wird „Byte" genannt. Das Byte besteht aus 8 bit, kann also 2^8 Wertigkeiten annehmen. Es gibt also grundsätzlich 256 darstellbare Zeichenkombinationen, die in einem Byte darstellbar sind. Der Begriff Byte erhält in der Praxis häufig den Prefix „K" für Kilo oder „M" für Mega. Diesem Begriff begegnet man bei Kapazitätsangaben. Nun steht aber das Kürzel „K" wie Tausend nicht exakt für 1000, sondern genauer für 1024. Demnach sind 4K genau 4096 Speicherstellen. Wichtig zu merken sind die Begriffe bit und Byte bei Kapazitäts- und Übertragungswerten.

BAUD

Im Zusammenhang mit ISDN und anderen Netzwerken taucht häufiger der Begriff „64Kbit/s" auf. Damit ist die Übertragungsleistung in einer Datenleitung gemeint: Das ISDN z.B. bietet standardmäßig die Ü-Leistung von 64000 bit pro Sekunde. Bit pro Sekunde wird auch als „Baud" bezeichnet. Bei späteren Wirtschaftlichkeitsberechnungen und Leistungsbeurteilungen werden diese Begriffe immer wieder auftauchen. Unter Digitalisieren versteht man also das Umformen von Werten in Zweierpotenzen, auch Binärverschlüsselung. Damit soll die Zahlentheorie beendet sein. Hier noch zwei der am meisten verbreiteten Codes: der EBCDIC-Code und der ASCII-Code:

Bild 1-1:
EBCDIC-Code

```
000100
       0000000000000000111111111111111122222222222222223333333333333333344444
       0123456789ABCDEF0123456789ABCDEF0123456789ABCDEF0123456789ABCDEF00000
000200   â{ãáåçñÄ.<(+!&éêëèíîiî¯Ü$*);^-/Â[ÃÁÃÅÇÑö,%_>?øÉÊËÈÍÎÏÌ`:#§'="
       44444444444444445555555555555555666666666666666677777777777777774444
       0123456789ABCDEF0123456789ABCDEF0123456789ABCDEF0123456789ABCDEF00000
000300   Øabcdefghi«»ðýþ±°jklmnopqrªºæ,Æ¤µßstuvwxyz;¿ÐÝÞ®¢£¥·©@¶¼½¼¬|¯¯´x
       8888888888888888999999999999999AAAAAAAAAAAAAAAABBBBBBBBBBBBBBBB44444
       0123456789ABCDEF0123456789ABCDEF0123456789ABCDEF0123456789ABCDEF00000
000400   äABCDEFGHI-ô|öóõüJKLMNOPQR¹û}ùúÿÖ÷STUVWXYZ²Ô\ÒÓÕÕ0123456789³Û]ÙÚ
       CCCCCCCCCCCCCCCCDDDDDDDDDDDDDDDDEEEEEEEEEEEEEEEEFFFFFFFFFFFFFFFF44444
       0123456789ABCDEF0123456789ABCDEF0123456789ABCDEF0123456789ABCDEF00000
```

Bild 1-2:
ASCII-Code

7-BIT-ASCII
(American Standard Code for Information Interchange)

Bit-Nummer		000	001	010	011	100	101	110	111
3210	Hexcode	0	1	2	3	4	5	6	7
0000	0	NUL 00	DLE 16	SP 32	0 48	@ 64	P 80	` 96	p 112
0001	1	SOH 01	DC1 17	! 33	1 49	A 65	Q 81	a 97	q 113
0010	2	STX 02	DC2 18	" 34	2 50	B 66	R 82	b 98	r 114
0011	3	ETX 03	DC3 19	# 35	3 51	C 67	S 83	c 99	s 115
0100	4	EOT 04	DC4 20	$ 36	4 52	D 68	T 84	d 100	t 116
0101	5	ENQ 05	NAK 21	% 37	5 53	E 69	U 85	e 101	u 117
0110	6	ACK 06	SYN 22	& 38	6 54	F 70	V 86	f 102	v 118
0111	7	BEL 07	ETB 23	' 39	7 55	G 71	W 87	g 103	w 119
1000	8	BS 08	CAN 24	(40	8 56	H 72	X 88	h 104	x 120
1001	9	HT 09	EM 25	) 41	9 57	I 73	Y 89	i 105	y 121
1010	A	LF 10	SUB 26	* 42	: 58	J 74	Z 90	j 106	z 122
1011	B	VT 11	ESC 27	+ 43	; 59	K 75	[91	k 107	{ 123
1100	C	FF 12	FS 28	, 44	< 60	L 76	\ 92	l 108	l 124
1101	D	CR 13	GS 29	- 45	= 61	M 77	] 93	m 109	} 125
1110	E	SO 14	RS 30	. 46	> 62	N 78	^ 94	n 110	¯ 126
1111	F	SI 15	US 31	/ 47	? 63	O 79	_ 95	o 111	DEL 127

Steuerzeichen

Auszug aus der CCITT Nr. 5 Code-Tabelle

Als Beispiel für die Darstellung des Buchstabens „A" im EBCDIC-Code:

als 8-stellige Bitfolge '11000001'.

1.1.2   Mainframes, PC's und die Benutzeroberflächen

Die Datenverarbeitungswelt muß heutzutage sehr differenziert betrachtet werden. Die Klassifizierung der Computer-Hardware war früher eine relativ einfache Angelegenheit. Dafür gibt es vorwiegend technische Gründe. Die Leistungsmerkmale eines Groß-Computers in einem klassischen Rechenzentrum zum Beispiel sind: große Speicherkapazität, hohe interne und externe Verarbeitungsgeschwindigkeit, das Bewältigen und der Durchsatz an enormen Datenmengen, die Systemgeschlossenheit nach außen und der Einsatz von bewährter und sicherer Datenbanksoftware. Das Negativimage besteht aus den folgenden Faktoren: relative Schwerfälligkeit bei der Reaktion auf neue Anforderungen, benutzerunfreundlicher Datenservice, hohe Kosten. Der typische Groß-Computer, auch Mainframe oder Host genannt, stammt in seinen wesentlichen Komponenten zumeist von einem Hersteller. Dies galt lange Zeit auch für die Peripheriegeräte und die Software. Es war im wahrsten Sinne des Wortes ein „System", welches in gewisser Weise in sich geschlossen war. Aus diesem Grunde spricht man hierbei auch von proprietären Computersystemen. Um es simpel auszudrücken: die Vorteile waren das reibungslose Zusammenspielen der Komponenten, und der Nachteil war die Abhängigkeit von einem Hersteller. Letzteres hatte auch großen Einfluß auf die Preise und Kosten.

Die Entwicklung des PC wiederum entstand aus den sogenannten Mikrocomputern, welche für die individuelle Datenverarbeitung eine überragende Rolle spielten. Mittlerweile sind PC sowohl von der technischen Seite her enorm leistungsfähig geworden als auch von der Softwareseite her, mit unübersehbaren Lösungen und Programmen bestückbar. Der geringe Preis und Standardsoftware für alle nur erdenklichen Zwecke trugen dazu bei, daß der PC längst als ernstzunehmende Alternative zu betrachten ist. Der PC hat die EDV gewissermaßen „vor Ort" gebracht. Das Zusammenkoppeln von Rechnern verschiedener Herkunft einschließlich sämtlicher Software wird als „offenes System" oder auch Heterogenität bezeichnet.

PC oder Mainframe?

Nun sollte nicht der Fehler begangen werden, daß man Fragen stellt, etwa in der Form: PC oder Großrechner? Wesentlich sinnvoller und zweckmäßiger sind Überlegungen, wie man langfristig die Vorteile beider „Polarisationen" nutzen kann bei möglichst gleichzeitigem Ausschalten der jeweiligen Nachteile. Unabhängigkeit von bestimmten Herstellern ist inzwischen eine der Grundforderungen. Größere Flexibilität bei der Entwicklung von Anwendungssoftware und bei der allgemeinen Lösung anstehender Probleme, möglichst verbunden mit Kostensenkungen und Leistungssteigerungen, sind mittlerweile der Tenor der Anforderungen.

PC-Netz

Nun werden PC´s seit langem untereinander vernetzt. Hierbei spricht man von lokalen Netzen oder auch LAN's. Das Wichtigste hierbei sind die folgenden Punkte:

- gemeinsame Nutzung von teuren Druckern und Datenbanken,

- die einheitliche Nutzung der DV-Ressourcen,

- eine gewisse Konformität bei der Entwicklung von Endanwenderlösungen,

- das Implementieren von Standardsoftware- und Lösungswegen und

- last but not least das unabgestimmte, parallele Verarbeiten von Datenbeständen zu vermeiden.

Der Trend, Großrechner als zentrale Datenbankserver zu nutzen unter gleichzeitigem, abgestimmtem Arbeiten am vernetzten PC, ist nicht zu übersehen. Es sind Begriffe im Umlauf wie Downsizing, Rightsizing, Outsourcing und Client-/Server-Architektur. Auch Denkansätze wie objektorientierte Vorgehensweisen etc. sind keine Modeworte, sondern es verbergen sich Methoden dahinter, welche im Prinzip alle darauf abzielen, die Probleme der DV und die betroffenen Anwendungsgebiete zu koordinieren und „in den Griff zu bekommen". Darauf wird im nächsten Kapitel noch näher eingegangen werden.

Benutzeroberfläche

An dieser Stelle vorab noch einige Worte zur sogenannten Benutzeroberfläche. Hierunter versteht man primär denjenigen Teil der Hard- und Software, der den Umgang des Benutzers mit dem Computersystem steuert und nach Möglichkeit auch vereinfachen sollte. Hardwareseitig ist das Bildschirmterminal in Mainframe-Umgebungen das meistbekannte Ein-/Ausgabemedium, welches jedoch immer häufiger vom PC ersetzt werden kann. Das „Fenster" zum Computer besteht jedoch nicht nur aus der Tastatur und dem Monitor. Weitaus mehr Bedeutung hat die softwareseitige Unterstützung des Bildschirmaufbaus erlangt. Grundsätzlich unterscheidet man drei Techniken:

- die zeichenorientierte Bedienung,

- die Menusteuerung und

- die grafische Benutzeroberfläche.

Ersteres setzt vom Benutzer einen gewissen Kenntnisstand über den Aufbau des Systems als solches voraus. Man muß schon wissen, welche Befehle oder Angaben man eintippen muß, damit der Computer überhaupt sinnvoll reagiert. Das bekannteste Beispiel für diese Art des Computerdialogs sind die Basisbetriebssysteme, wie z.B. das Microsoft DOS. Ein typisches Kommando an den Computer:

```
\C:copy A:ADRESSE.DAT B:DATEN.EIN
```

Ein gewisser Fortschritt stellt die logische Weiterentwicklung in Menutechnik dar. Hierbei wird dem Nutzer eine hierarchische „Auswahl" an Arbeitsmöglichkeiten vorgegeben, an denen er im Normalfall „nicht vorbeikommt". Die Möglichkeiten der Falschbedienung werden also deutlich eingeschränkt. Der Nachteil liegt vor allem darin, daß der Computeranwender von Menu zu Menu springen muß, um nacheinander bestimmte Arbeiten zu starten. Auch hierbei sind gewisse Minimalkenntnisse des installierten Systems und vor allem der Anwendungssoftware notwendige Voraussetzung.

Bild 1-3:
Menu-Beispiel von
IBM's TSO/ISPF

```
                        Primary Panel für Externe Programmierung
                        ===============================================
OPTION ===>
                                                          USERID   - FREMO
   0  ISPF PARMS    - Specify terminal and user parameters  TIME     - 17:18
   1  BROWSE        - Display source data or output listings TERMINAL - 3278
   2  EDIT          - Ispf Editor                            PF KEYS  - 24
   3 -UTILITIES     - Perform utility functions
   4  PGM-LIT       - Verwalten Programme und Literatur
   6  COMMAND       - Enter TSO command or CLIST
   7  DIALOG TEST   - Perform dialog testing
   8  LM UTILITIES  - Perform library management utility functions
  CA1               - Tape Management System
   E  Easy-Online   - Easy-Online Entwicklungs-System
   F  Fileaid       - Komfortable Dateibearbeitung
   O  DOROS         - Online - JOBVORBEREITUNG / JOBVERNETZUNG
   C  CHANGES       - Display summary of changes for this release
   T  TUTORIAL      - Display information about ISPF / PDF
  XP  XPEDITER      - INTERAKTIVES TEST- UND ENTWANZUNGS-TOOL
   X  EXIT          - Terminate ISPF using log and list defaults

Enter END command to terminate ISPF
```

Auf dem Vormarsch sind die Oberflächen, die das Ansteuern von bestimmten Computerfunktionen mit Hilfe von Piktogrammen, also grafischen Symbolen erleichtern soll. Der verbreitetste Vertreter ist wohl „Windows" von der Firma Microsoft. Vereinfacht dargestellt, besteht das Aktivieren von Programmen vor allem darin, daß mit einem Mausklick auf ein bestimmtes Symbol das dahinter angeschlossene Softwarepaket aufgerufen wird.

Bild 1-4:
Beispiel für die GUI
Windows

Der wichtigste Punkt für den Computerbenutzer besteht vor allem darin, daß er relativ problemlos mit dem Computer arbeiten kann, ohne eine komplette EDV-Ausbildung absolviert zu haben. Eine einheitliche Benutzeroberfläche wäre anstrebenswert, ähnlich wie beim Auto. Man muß nicht unbedingt die gesamte Technik beherrschen, um ein Fahrzeug in Bewegung zu setzen. Es müssen auch dort Vorkehrungen getroffen werden, um eine Falschbedienung möglichst auszuschließen. Der Fahrer soll sich vielmehr um den Verkehr und dessen Regeln kümmern. Dieselben Forderungen müssen auch beim Umgang mit der EDV gestellt werden. Der Computer-Anwender soll sich um die eigentliche Aufgabenstellung kümmern können. Deshalb wird der Benutzeroberfläche eine große Bedeutung zugemessen, man spricht auch von computergesteuerter Benutzerführung.

Dennoch sind gerade im Zusammenhang mit ISDN und der Vernetzung der Komponenten einige Kenntnisse über DV-Techniken und -Begriffe sehr von Vorteil.

1.1.3   DV-Techniken

Wenn im weiteren Verlauf des Buches von EDV oder auch DV die Rede ist, so wird nicht mehr speziell unterschieden zwischen Mainframe und PC's. Nahezu alle Grund-Techniken sind völlig unabhängig von der Hardware-Plattform. Zunächst einmal werden die zwei Basistechniken der Datenverarbeitung vorgestellt:

Batch

die Batch- oder Stapelverarbeitung und die transaktionsorientierte oder ONLINE-Verarbeitung. Für das Verständnis der Problematik bei der Datenübertragung allgemein und im besonderen im Zusammenhang mit ISDN sollten die gravierenden Unterschiede der beiden Grundmethoden geläufig sein.

Batch-Verarbeitung: Grundsätzlich versteht man unter Stapelverarbeitung das Abarbeiten oder Auswerten eines Datenbestandes, wobei der Bestand an Daten eine gewisse Gleichförmigkeit aufweist. Anders ausgedrückt: eine Datensammlung wird im Prinzip sequentiell durchforstet und je nach Anforderung bearbeitet. Diese Art und Weise der Datenbehandlung kann man am besten anhand von simplen Beispielen erläutern:

Beispiel 1: Aus einem Adreßbestand sollen alle Kunden herausgefiltert werden, die in Hessen ihren Wohnsitz haben und gleichzeitig per Rundschreiben aufgefordert werden, ihre Adressen auf Richtigkeit zu überprüfen.

Beispiel 2: Eine Bankfiliale in Rosenheim soll einmal täglich die Kontendaten der Filialkunden, die an diesem Tag eine Kontobewegung aufweisen, an die Zentrale in München per Datentransfer übermitteln.

Beispiel 3: Ein Verkaufsleiter benötigt eine Druckliste aller Artikel, die im letzten Monat verkauft wurden.

Was ist das Typische an dieser Art von DV-Technik? Zunächst einmal weisen die Datensammlungen, welche hier jeweils zugrunde liegen, einen gewissen Massencharakter auf. Das bedeutet nichts anderes, als daß eine Datei oder Datenbank mit gleichartigen Dateninhalten in mehr oder weniger umfangreicher Menge vorhanden sein muß. Im Beispiel 1 handelt es sich um die Kundenstammdatei, die unter anderem die komplette Kundenanschrift beinhalten muß. Ein weiteres, sehr typisches Merkmal ist der Umstand, daß derartige „Auswertungen" auf ausdrückliche Anforderung ablaufen. Es wird also üblicherweise ein Programm gestartet, welches den Datenbestand „von A bis Z" Datensatz für Datensatz durchliest und entsprechende Ausgaben und Verarbeitungen vornimmt. In einer Mainframe-Umgebung nennt man dies „einen Job starten", und PC-Anwender kennen diese DV-Arbeit als „Durchführen einer .EXE-Datei". Ein solcher Job kann, je nach Komplexität und Datenmenge, ohne weiteres einige Stunden Laufzeit benötigen. Ein einfacher Mainframe-Job als Beispiel:

Bild 1-5:
Job für eine Batch-Auswertung, IBM-JCL

```
//EBCDIC     JOB  (AZNETZ),
//                'AZUSER.',
//                CLASS=K,
//                MSGCLASS=X,
//                MSGLEVEL=(1,1)
//*
//JOBLIB    DD  DSN=XXXX.TEST.LOADLIB,DISP=SHR
//          DD  DSN=FREMD.EASY.LOADLIB,DISP=SHR
//          DD  DSN=XXXX.UPRO.LOADLIB,DISP=SHR
//          DD  DSN=ADCS52.LOADLIB,DISP=SHR
//          DDDSN=SYS1.COB2LIB,DISP=SHR
//*----------------STEP 1-------------------------------
//S0050       EXEC PGM=TESTPGM,REGION=3M
//EBCDIC      DD  DSN=FREM005.TSO.COBOL(EBCDIC),DISP=SHR
//LISTE       DD  SYSOUT=*
//SYSPRINT    DD  SYSOUT=*
//SYSABOUT    DD  SYSOUT=R
//SYSDBOUT    DD  SYSOUT=R
//SYSOUT      DD  SYSOUT=*
//SYSSNAP     DD  SYSOUT=R
//KARTE       DD  *
 0
 1
 2
 3
 4
 5
 6
 7
 8
 9
* TSORT/A   (ODER D)
/*
//
```

Online

Hinweis: Ein Batch-Job läuft quasi im „Hintergrund" ab, und es werden üblichweise mehrere Jobs hintereinander verkettet.

Online- oder Transaktionsverarbeitung: Im Gegensatz zur Stapelverarbeitung weist eine DV-Technik auf Online-Transaktions-Basis ganz andere Merkmale auf. Typisch ist hierbei die Tatsache, daß ein Vorgang (oder auch Transaktion) ganz gezielt und bei Bedarf aktiviert wird. Die Datenverarbeitung kommt also erst dann zum Zuge, wenn quasi „von außen" ein bestimmtes, zeitlich nicht vorhersehbares Ereignis eintritt. Diese Art und Weise der Datenverarbeitung ist auch bekannt unter dem Begriff „Dialogprocessing". Auch hierzu einige Anwendungsbeispiele:

Beispiel 1: In einem Reisebüro wünscht ein Kunde einen Flug nach New York zu buchen, und zwar ab 18:00 Uhr am nächsten Samstag. Der Sachbearbeiter sucht per Bildschirmabruf den nächstmöglichen Flug nach Ostamerika heraus, reserviert einen Platz im Flugzeug und übergibt dem Kunden die notwendigen Unterlagen.

Beispiel 2: Ein Bankkunde kommt an den Bankschalter und will 1.000,- DM von seinem Konto abheben. Der Banksachbearbeiter holt sich am Bildschirm die notwendigen Kontendaten mit Kundennummer und Saldo und kann bei Kontendeckung dem Kunden die tausend Mark aushändigen.

Beispiel 3: In einem Versandhaus gelangt eine schriftliche Bestellung eines Stammkunden auf den Schreibtisch des Verkäufers. Per Datenstation holt er sich gezielt die Kundendaten heran und gleichzeitig die notwendigen Artikeldaten. Sind die Artikel vorrätig und hat der Kunde Bonität, so wird die Bestellung und gleichzeitige Lagerbestandsabbuchung aller Artikel für diese Bestellung aufgeführt.

Diese Beispiele zeigen deutlich auf, daß eine Dialogverarbeitung einen anderen Charakter innehat. Hierbei sind zwei Dinge typisch: Zum einen die sofortige Bearbeitung der Daten und zum anderen der aktuelle Anlaß aufgrund eines nicht vorhersehbaren Ereignisses. Diese Verarbeitungsart nennt man auch Vordergrund-Verarbeitung oder „Foreground Processing".

Bild 1-6:
Beispiel einer
Online-Konfiguration

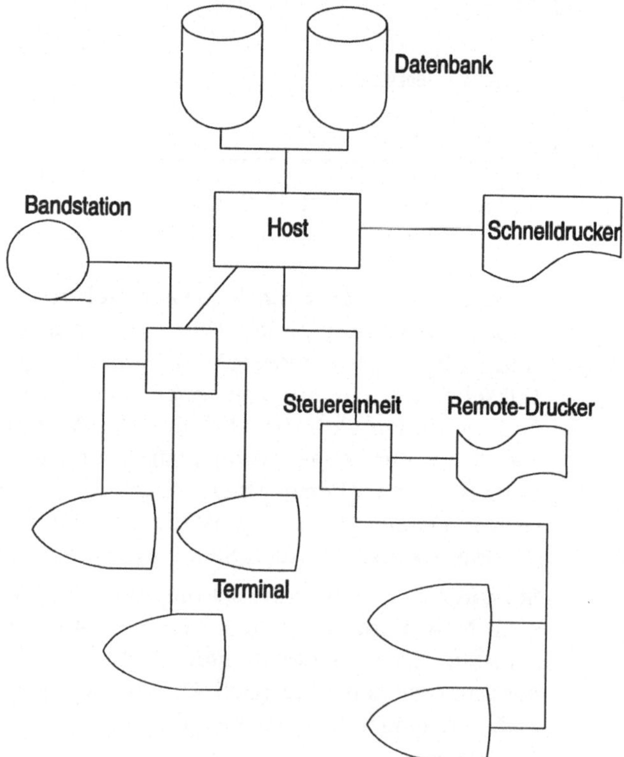

Für den ISDN-Nutzer sind diese zwei gegensätzlichen Computernutzungs-Arten sehr wesentlich zur Unterscheidung: Im Batch-Beispiel Nr. 2 wird die Datenleitung zwischen der Filiale und der Zentrale zum Beispiel am Abend nur einige Minuten reserviert und belegt sein müssen, nämlich solange der Dateitransfer dauert. Im Online-Beispiel Nr. 2 sieht die Sache anders aus: Angenommen der Schalterkunde befindet sich in der Filiale 7 im Vorort XY, so muß der Filialcomputer permanent eine Verbindung zum Zentralcomputer aufweisen. Also ist die Datenleitung während des ganzen Arbeitstages geschaltet. Dem ISDN-Nutzer ist der Unterschied sofort klar: Hier geht es um Kosten und Leitungsverfügbarkeiten!

Ein Begriff ist bereits mehrfach aufgetaucht: Dateitransfer. Hierbei handelt es sich um das Übertragen von Datenbeständen eines Computers oder Computer-Netzes zu einem entfernt installierten Computersystem. Das Beispiel von vorhin: die Filialdaten müssen zum Zentralcomputer hin transferiert werden. Im Kapitel 6 wird dieses wichtige Thema, gerade im Zusammenhang mit ISDN, noch ausführlicher behandelt.

1.1.4   Weitere wichtige Begriffe in der EDV

Die Computerwelt und die Literatur dazu ist gespickt von Begriffen, deren Herkunft naturgemäß häufig aus dem Amerikanischen stammen. Für das Verständnis jeglicher Literatur ist das Grundwissen über DV-Tatsachen unerläßlich. Deshalb sollen an dieser Stelle die wichtigsten Komponenten und Termini in Kompaktform besprochen werden. Vor allem für den Leser ohne spezifische Computerkenntnisse sollte ein gewisser Nutzen entstehen.

Als oberste Unterscheidungsmerkmale dienen die Begriffe „Hardware" und „Software". Lapidar gesagt, besteht die Hardware praktisch aus den Geräten und Leitungen, die Software im wesentlichen aus den Programmen, Betriebssystemen, Dateien und den Handbüchern. Also alles, was sozusagen greif- und sichtbar ist, kann zur Hardware gerechnet werden, und die „verborgenen", nicht direkt sichtbaren oder nur an den Auswirkungen erkennbaren Bestandteile sind Software.

Komponenten
Hardware

Die Aufzählung der Hardwarebestandteile erfolgt am besten in einer Auflistung der Computer-Geräte-Komponenten, wobei einzelne Teile nicht zwingend in einem separaten Gehäuse zu sehen sind, es können durchaus verschiedene Hardwareteile innerhalb eines „Kastens" vorhanden sein.

Der wichtigste und zentrale Teil eines Computers ist der **Prozessor**, er bildet das „Herz" der Rechenanlage. Angeschlossen sind die **Steuer-** und **Speicher-Einheiten**, welche für den Programmablauf und den Datenfluß zuständig sind und zugleich die zu verarbeitenden Daten und die gerade ablaufenden Programmteile speicherresident halten. Der interne Speicher wird als **RAM** (=Random Access Memory) bezeichnet. Die externen Speichereinheiten sind die **Harddisc** (=Platte), die **Diskettenstation**, die **Magnetbandlaufwerke** und die **optischen Speicher** wie WORM (Write once, read multiple). Sodann unterscheidet man die **Ein-/Ausgabe**-Geräte: Eingabegeräte sind z.B. die **Tastatur** und der **Scanner**, als typische Vertreter von Ausgabegeräten sind die **Bildschirme**, **Drucker** und **Plotter** zu nennen. Die externen Speichergeräte sind im Prinzip beides: Ein- und Ausgabe. Alle Geräte, die extern am Computer angeschlossen sind, nennt man auch **Peripherie**. Der Datenverkehr erfolgt über **Leitungen** und **Anschlüsse**. Eine gewisse Sonderstellung nehmen die **CD-ROM's** ein, da sie im Normalfall nur das Lesen zulassen (Read Only Memory).

Komponenten
Software

Die Einteilung der Software kann nach verschiedenen Gesichtspunkten erfolgen. Zunächst gibt es das **Betriebssystem** als Systemsoftware, welches für den reibungslosen Ablauf und die Benutzersteuerung zu sorgen hat. Die **Programme** wiederum sind einteilbar in **Systemprogramme**, **Individualprogramme** und **Standard-Programme**. Es gibt die große Gruppe der **Applikationsprogramme** und die **Middleware** als Verbindung zwischen den Systemprogrammen und beispielsweise dem Netz. Die **Benutzeroberfläche** ist bereits früher erwähnt worden; sie steuert die Verbindung zwischen Betriebssystem und den Anwendungen. Man kennt auch die Gruppe der **Utilities** oder Hilfsprogramme, beispielsweise ein Sortierprogramm, ein Kopierprogramm oder einen Editor.

Die im letzten Absatz genannten Softwareteile sind im Prinzip Programme als gewissermaßen dynamischer Teil. Im Gegensatz dazu gibt es die Gruppe der **Datenbestände,** welche statisch zu sehen sind. Eine **Datenbank** oder eine **Datei,** auch File genannt, beinhaltet die gesamten zu verarbeitenden **Daten**. Eine Datei besteht aus **Datenfeldern** und **Datensätzen**.

Die **Datenträger** sind eine weitere Spezies: **Fest-** und **Wechselplatten**, **Disketten**, **Magnetbänder** etc. und das **bedruckte Papier** gehört auch hierher.

Task

Zum Schluß soll noch ein Begriff erläutert werden, der immer wieder auftaucht: die **Task** und das **Multitasking**. Task heißt Aufgabe, und jedes Programm, das gerade im Computer aktiv ist, wird so bezeichnet. Moderne Computer können mehrere Tasks gleichzeitig ablaufen lassen, das ist Multitasking. Während also zum Beispiel eine ONLINE-Transaktion aktiv ist, kann daneben noch ein Batch-Job ablaufen.

Weitere Begriffe und Methoden werden in den nachfolgen Kapiteln behandelt, da sie von der Sache her nicht unmittelbar in diese Rubrik gehören. Zudem handelt es sich um spezielle anwendungsbezogene Techniken, die einer ausführlicheren Erläuterung bedürfen.

1.2 Netzwerk-Einführung

Die Kommunikationsbedürfnisse und die Verflechtung der Computer untereinander lassen sogenannte Insellösungen gerade bei der Informationsverarbeitung auf lange Sicht nicht mehr als sonderlich sinnvoll erscheinen. Arbeitsplätze werden über Daten-Stationen mit den Computern verbunden. Eine moderne Verwaltung nutzt die Daten-Verarbeitung exzessiv auf allen nur denkbaren Teilgebieten. Die Strukturen in den Betrieben wandeln sich von rein hierarchischen Gebilden zu objektorientierten Gruppierungen. Die innerbetriebliche Kommunikation nimmt eine gewichtige Stellung ein, deren Bedeutung für die tägliche Verwaltungsarbeit in früheren Zeiten nicht in ausreichendem Maße erkannt wurde. „Time is money", je schneller die benötigten Informationen zu den Stellen gelangen, die sie benötigen, desto effizienter können diese handeln. Dabei ist die Geschwindigkeit nicht alles: die Daten, Nachrichten und Informationen müssen komplett, aktuell und konsistent sein. Die Notwendigkeit der sinnvollen Rationalisierung wurde vor langer Zeit bei den Produktionsprozessen erkannt. Rationell arbeiten bedeutet „vernünftig" arbeiten, also ein bestimmtes, vorgegebenes Ziel mit möglichst wenig Aufwand an Zeit und Kosten zu erreichen. Die industriellen Fertigungsverfahren sind inzwischen derart ausgeklügelt und verfeinert, so daß das Automatisieren von ständig wiederkehrenden Tätigkeiten schon fast als logische Konsequenz betrachtet werden kann.

Ein Unternehmen, gleich welcher Art, besteht aus vielen Abteilungen. Das reibungslose Zusammenfunktionieren dieser „logischen Blöcke" ist eine wesentliche Voraussetzung für das Erreichen des Betriebszieles. Insofern kann man hier bereits von einer Vernetzung sprechen, ohne daß dabei zunächst ein Computernetz oder Kommunikationsnetz in Aktion treten muß. Wenn allerdings von Netzen und Netzwerken die Rede ist, so ist hierbei natürlich ein Kommunikations- und/oder Computernetz gemeint.

Öffentliches Telefonnetz

Das bekannteste Netzwerk und gleichzeitig das umfangreichste ist zweifellos das öffentliche Telefonnetz. Es ist **das** Netzwerk schlechthin, da dessen Netztopologie die Vermaschung darstellt. Das heißt nichts anderes, als daß jeder ans Netz angeschlossene Teilnehmer mit jedem x-beliebigen anderen Teilnehmer in direkte Verbindung treten kann. Dabei entsteht eine echte Zweierbeziehung: nur diese beiden Netzteilnehmer kommunizieren während einer bestimmten Zeit miteinander, und keiner der übrigen Telefonbesitzer hat etwas damit zu tun. Andererseits kann diese Punkt-zu-Punkt-Verbindung unterbrochen und eine völlig neue Verbindung aufgebaut werden. Womit ausgesagt werden soll: jeder Teilnehmer im Netz kann zwar jeden anderen „anwählen", jedoch nicht gleichzeitig. Beim öffentlichen Fernsprechnetz kann man von einem sogenannten Weitverkehrsnetz sprechen. Im Gegensatz dazu befindet sich ein lokales Netz: das innerbetriebliche Telefonnetz mit eventuell Hunderten von Nebenstellen. Viele Mitarbeiter haben einen direkten Telefonanschluß zur Verfügung, mit dessen Hilfe sie mit den anderen Kollegen in anderen Abteilungen kommunizieren können. Die Möglichkeit, nach außen zu telefonieren (eben über das öffentliche Netz) hat aber nun nicht jeder Anschluß. Dafür müssen gewisse technische und organisatorische Voraussetzungen erfüllt werden.

Bild 1-7:
Maschennetz im Telefonverkehr

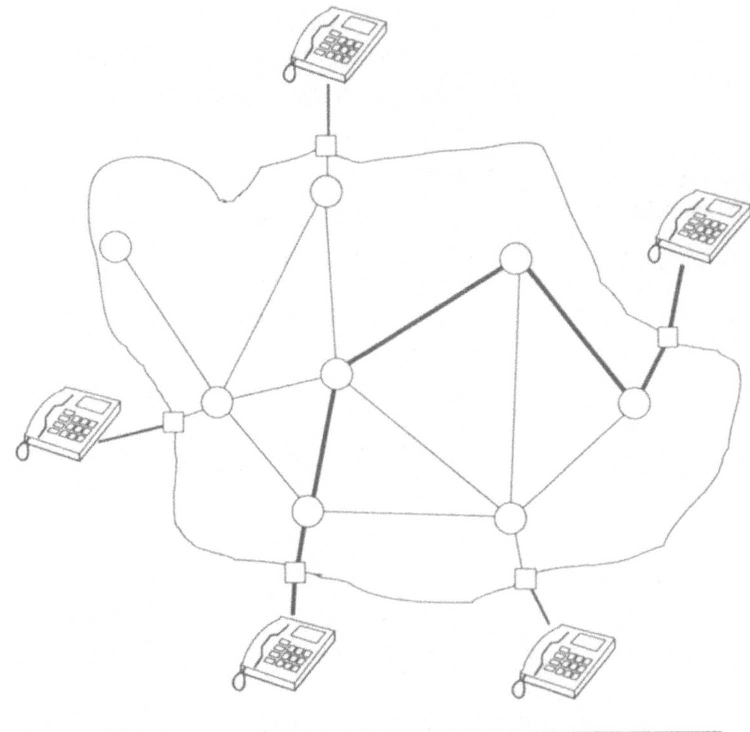

Wenn nun ein Mitarbeiter der Firma X mit einem anderen der Firma Y telefonisch in Kontakt tritt, so sind drei Netzwerke davon betroffen: das lokale Netz in der Firma X, das öffentliche Netz der DBP Telekom und das lokale Netz der Firma Y. Der Telekommunikationsfachmann nennt das eine LAN-WAN-LAN-Verbindung.

Netzwerk-Topologien

Die Vernetzung von Computern innerhalb eines Unternehmens funktioniert im Prinzip genauso. Nur daß die Maschentopologie nicht unbedingt am besten geeignet dafür ist. Deshalb gibt es noch einige andere Netzwerkarchitekturen:

- die **Bustopologie**, wobei mehrere Computer gleichrangig an einem einzigen Datenstrang gekoppelt sind;

- die **Ringtopologie**, als bekanntes Beispiel das Token Ring-Verfahren;

- die **Sternnetze**, wobei die Teilnehmer gewissermaßen kreisförmig um die zentrale Stelle herum angeordnet sind

- und die **hierarchische Netzstruktur**, wie das SNA von IBM.

Bild 1-8:
Weitere Netztopologien

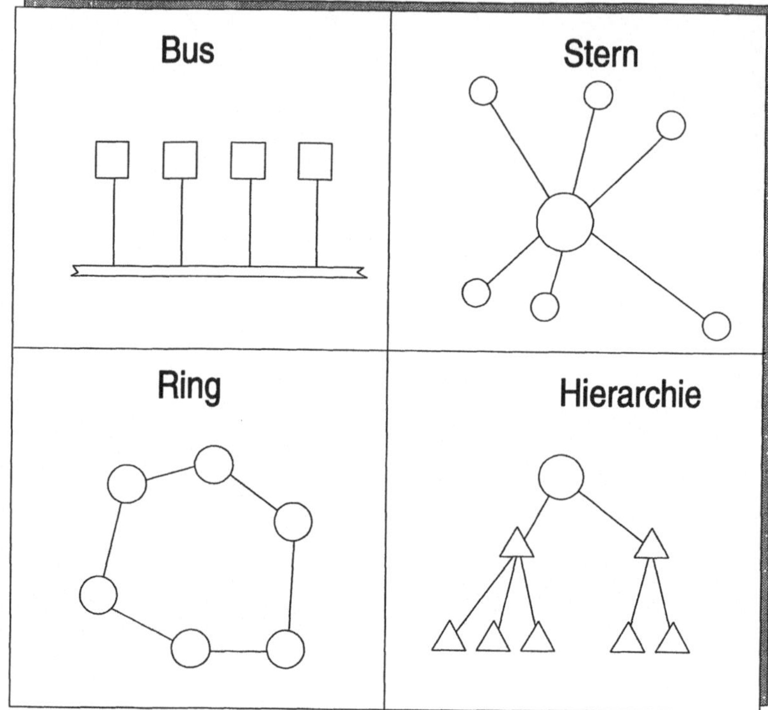

Charakteristische Merkmale

Unabhängig von Netztopologien sind für alle Netzwerke einige charakteristische Merkmale und Probleme vorhanden:

- die allgemeine Netzverfügbarkeit; damit ist das permanente Vorhandensein der Netzkomponenten und deren Funktionalität gemeint,

- die Zuverlässigkeit bei der Übertragung; die Nachrichten und Daten sollen unverstümmelt und klar beim Empfänger ankommen,

- die Übertragungsleistung; diese wird bei Datenleitungen in bit/s gemessen und hat natürlich Einfluß auf die sogenannten Antwortzeiten,

- die Übertragungssicherheit; damit wird gefordert, daß die Daten genau zu dem Empfänger gelangen, der avisiert wurde. Des weiteren wird die Abhörsicherheit gemeint, so daß kein Unberechtigter die Daten anzapfen kann bzw. das Telefonat mithören kann,

- die Flexibilität und die Transparenz; das Austauschen von Komponenten im Netz muß ohne Beeinträchtigung des restlichen Netzes erfolgen können, und die angeschlossenen Geräte müssen kompatibel sein,

- das Netzwerkmanagement; es muß das Netz jederzeit im Griff halten und den Datenfluß und die Kanalbelegungen steuern können.

Netzwerk-
komponenten

In einem Netzwerk gibt es eine Reihe von Hardwarekomponenten, deren wichtigste in ihren Grundfunktionen kurz vorgestellt werden sollen:

- Die **Datenendeinrichtungen (DEE)**: das sind primär die Terminals, PC und Workstations, das Telefon, die Netzwerkdrucker und Faxgeräte,

- die **Bridge** verbindet zwei LAN's oder Netzteile miteinander, welche allerdings dieselbe Topologie bzw. Architektur aufweisen müssen,

- der **Router** verbindet zwei unterschiedliche Netzwerke miteinander, z.B. Token Ring mit Ethernet,

- das **Gateway** wird zwischen Netzen verschiedener Computerhersteller geschaltet, z.B. IBM mit DEC oder Tandem,

- der **Repeater** dient als Signalverstärker vor allem für die Überbrückung größerer Entfernungen in LAN's,

- der **Hub** dient als Verteiler von sternförmig angeschlossenen LAN-Stationen,

- der **Kanal** ist im Prinzip die Datenleitung bzw. die Strecke zwischen zwei Netzstationen oder auch Netzknoten,

- und ein **Netzknoten** ist eine Stelle im Netz, wo mehrere Stationen oder auch Leitungen zusammenkommen. Ein Netzknoten hat eine gewisse Verteilerfunktion.

Bild 1-9:
Eine Netzstruktur

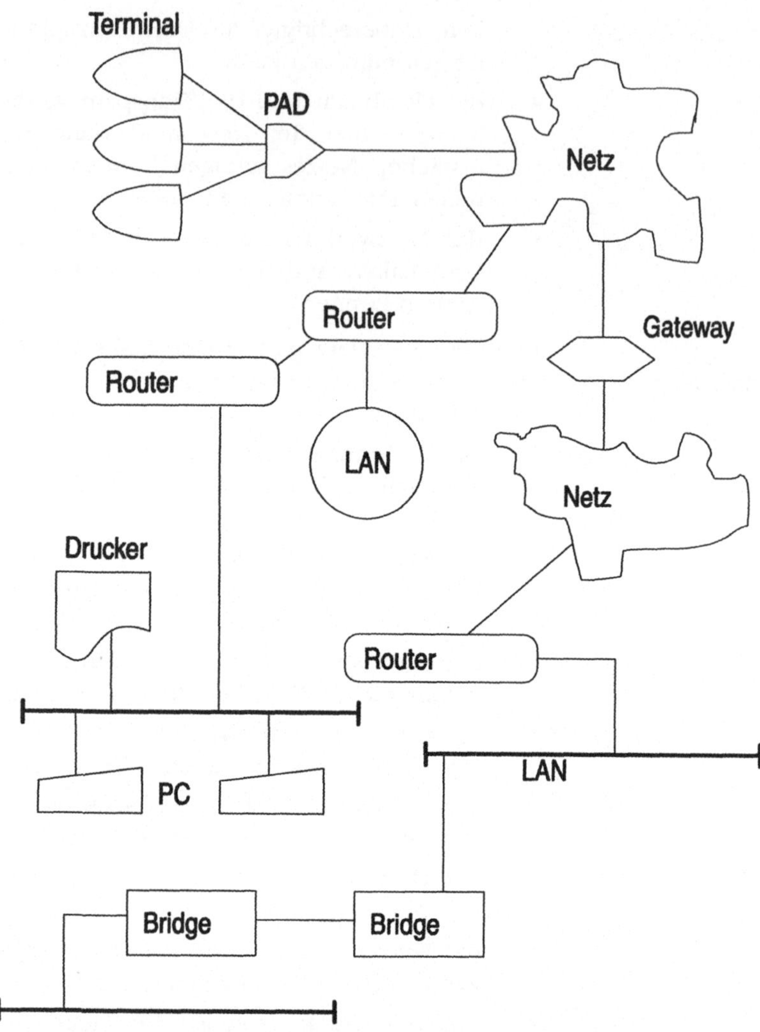

Es gibt noch einige Bauelemente mehr, auch Kombinationen sind vorhanden. Bleibt noch darauf hinzuweisen, daß die Funktionen oder Teile davon inzwischen auch per Software und Steckkarten ablaufen können.

Diese Ausführungen sind bewußt allgemein gehalten. Die Eigenheiten im Telefonnetz werden in Kapitel 4 und 6 noch untersucht. Die spezifischen PC-Vernetzungsprobleme benötigen dazu ein eigenes Kapitel: Kapitel 2.

1.3   Das ISO/OSI-7-Schichten-Modell

Sogenannte offene Kommunikations-Systeme, also Systeme unterschiedlicher Herkunft und Architektur, haben einen Nachteil: nämlich daß sie „offen" sind. Dies klingt auf den ersten Blick wie ein Witz, ist aber keiner. Ein proprietäres, also geschlossenes System stammt zumeist von einem einzigen Hersteller oder aber zeichnet sich durch eine fest strukturierte und harmonisierende Schnittstellen-Philosophie aus. Bei solchen Systemen gibt es kaum Kompatibilitätsprobleme, da die Interfaces standardisiert gehalten wurden. In einer heterogenen Umgebung sieht die Sache dagegen wesentlich anders aus. Die „Offenheit" zeigt sich in drei unterschiedlichen Graden:

Offenes System

- in technischer Sicht (zum Beispiel die DBP-Telematikdienste),

- juristisch gesehen: das öffentliche Telefonnetz und

- anwenderoffen: (auch das Telefonnetz).

In diesem Zusammenhang interessiert hier in erster Linie die technische Seite. Offene Kommunikation kann im Prinzip nur stattfinden, wenn sie nach gewissen Regeln abläuft und sich an Normen hält. Mit anderen Worten: die Netzwerke und die Endgeräte der unterschiedlichsten Hersteller inklusive der dazugehörigen Software müssen so konstruiert sein, daß ein reibungsloses Zusammenspiel der Komponenten untereinander sichergestellt ist.

Eine technische Kommunikation erfolgt nun in bestimmten Phasen oder auch Stufen. Der Sender und der Empfänger von Nachrichten oder Daten verfährt generell nach einem festgelegten Modell. Das bedeutet: Beim Versenden von Nachrichten wird eine ganz bestimmte Sequenz ablaufen, die beim Empfangen genauso durchlaufen wird, nur seitenverkehrt. Die OSI als internationales Standardisierungsgremium hat bereits im Jahre 1984 die ISO-Norm 7498 vorgelegt, in der diese Vorgänge in genau 7 Schichten zerlegt wurden. Jede Schicht hat eine ganz bestimmte Aufgabe bzw. Funktionsbeschreibung zu übernehmen. Die Schichten des Denkmodells im einzelnen:

Bild 1-10:
Das OSI/ISO-7-
Schichten-
Referenzmodell

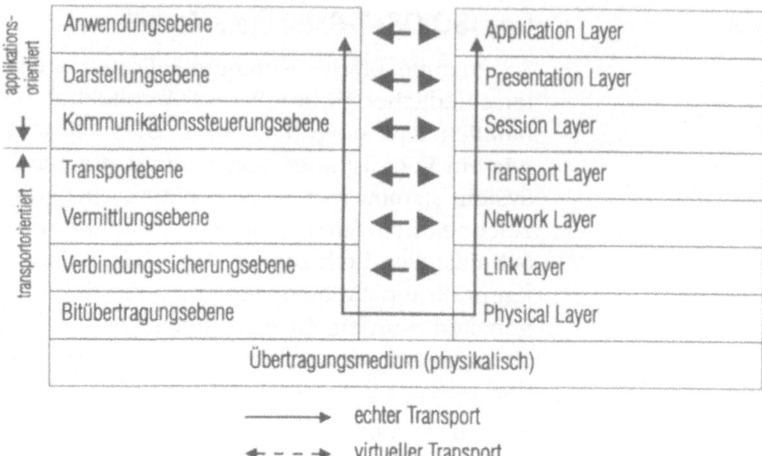

Schicht 1 (physical layer) oder **Bitübertragungsschicht**: In dieser Ebene werden die Signale der Daten übermittelt, und zwar als Bitstrom. Hier werden praktisch die Kabel, die PIN's und die Anschlußtechnik beschrieben. Diese Schicht ist demnach zuständig für die reinen physikalischen Gegebenheiten.

Schicht 2 (data link layer) oder **Datensicherungsschicht**: In dieser Schicht werden die Daten für den eigentlichen Transfer vorbereitet. Dazu gehören das Vervollständigen der Datenpakete mit Absender- und Empfängerangaben, das Freischalten der Leitungen und das Erkennen und Beheben von Datenübertragungsfehlern. Das X.25-HDLC-Protokoll hat hier seinen Platz.

Schicht 3 (network layer) oder **Vermittlung-** bzw. **Netzwerkschicht**: Diese Ebene ist für den korrekten Weg durch das Netz zuständig, hier werden alle Aktivitäten für die Entfernungsüberbrückung definiert. Zugleich sind hierin die Verbindungsauf- und Abbauprozeduren und die logische Kanalschaltung enthalten. Das IPX-Protokoll von Novell ist ein Beispiel dafür.

Schicht 4 (transport layer) oder **Transportschicht**: Diese Schicht ist für die reibungslose Übermittlung zuständig. Form und Reihenfolge der Daten werden hier geregelt. Fehlerkorrekturmöglichkeiten durch Wiederholung sind hier festgeschrieben. Auch hier ein Beispiel: das SPX-Protokoll von NetWare.

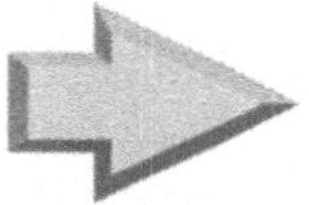

Anmerkung: diese 4 Schichten stellen die transportorientierten Schichten dar, die nächsten 3 Schichten sind für die Anwendungslogik zuständig.

Schicht 5 (session layer) oder **Sitzungs-** und **Kommunikations-schicht**: Hierin werden die Aktivitäten der Dialogabarbeitungssteuerung beschrieben. Es werden solche Dinge wie Paßwortabfrage etc. geregelt.

Schicht 6 (presentation layer) oder **Darstellungsschicht**: In dieser Ebene wird die Zeichendarstellung mit Syntax und Semantik geordnet. Bei unterschiedlichen Systemen werden beispielsweise ASCII-Zeichen in EBCDIC-Codes umgeformt. Die Nachricht wird also interpretierbar dargestellt.

Die **Schicht 7** (application layer) oder **Anwendungsschicht**: Diese Schicht als hierarchisch höchste Schicht beschreibt die direkten Interfaces zu den eigentlichen Anwendungen. Das heißt also, die Übertragungsmodule, die aus den Applikationsprogrammen heraus (z.B. TCAM-Module) aufgerufen werden, müssen die Anforderungen für die Schichten 1-6 erfüllen.

Diese recht theoretisch anmutenden Ausführungen können an einem simplen Beispiel verdeutlicht werden, einem gewöhnlichen Telefongespräch. Üblicherweise regeln die sieben Schichten die Datenkommunikation, sie können jedoch für jede andere Art der Kommunikation als „Leitfaden" dienen.

Bild 1-11:
Das OSI-Modell, anders dargestellt

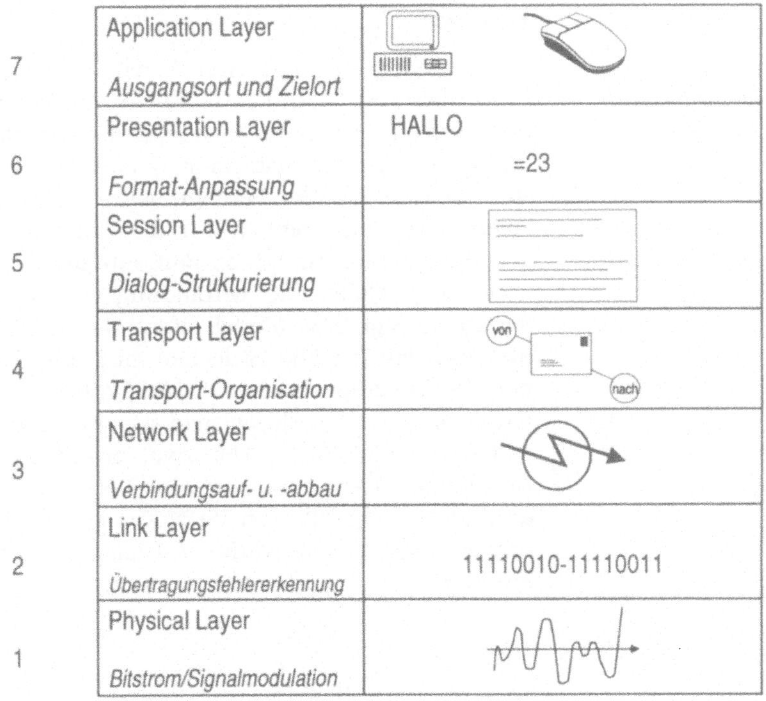

7	Application Layer *Ausgangsort und Zielort*	
6	Presentation Layer *Format-Anpassung*	HALLO =23
5	Session Layer *Dialog-Strukturierung*	
4	Transport Layer *Transport-Organisation*	
3	Network Layer *Verbindungsauf- u. -abbau*	
2	Link Layer *Übertragungsfehlererkennung*	11110010-11110011
1	Physical Layer *Bitstrom/Signalmodulation*	

Das Telefonat in einer Firma:

Ebene 1: Der Fernsprechteilnehmer hebt den Hörer ab und erwartet entweder das Freizeichen oder das Belegtzeichen;

Ebene 2: Hier kann der Teilnehmer z.B. sagen: „Bitte das letzte Wort wiederholen, ich habe es nicht verstanden";

Ebene 3: Der eigentliche Wahlvorgang eines bestimmten Amtsanschlusses;

Ebene 4: Das Sichverbindenlassen an eine bestimmte Nebenstelle;

Ebene 5: Hier greifen die Regeln einer geordneten Kommunikation: solange der eine Teilnehmer spricht, hört der andere zu und umgekehrt;

Ebene 6: Sprechen beide Partner deutsch, ist die Sache klar, ansonsten muß der andere Partner der Fremdsprache (z.B. engl.) mächtig sein. Es handelt sich also um die korrekte Interpretation des Gesagten;

Ebene 7: Hier findet sich der eigentliche Grund des Anrufes: „Bitte senden Sie uns 10 Kartons Marmelade". Die siebte Schicht ist also immer der Auslöser einer Kommunikation, also Start- und Zielpunkt.

Warum
Referenzmodell?

Wozu dient nun schlußendlich das 7-Schichten-Referenzmodell? Die Antwort ist eigentlich recht einfach: Jedes Produkt, ob Hard- oder Software, welches in irgendeiner Art und Weise mit Kommunikation zu tun hat, kann daraufhin klassifiziert und eingestuft werden, welche Bedingungen es abdeckt. Erfüllt also beispielsweise eine Software für die Übertragung die Anforderungen der Ebene 2 und 3, so muß ein zusätzliches Produkt hinzukommen, welches die Verbindung von Schicht 3 zu Schicht 4 zustandebringt. Das Modell dient also dem Hersteller als Leitlinie, was sein Produkt abdecken muß, um die Verbindung zu einem bestimmten anderen Produkt oder auch Verfahren herstellen zu können. So simpel wie das aussieht, ist es in der Praxis natürlich leider nicht. Um zwei grundverschieden konzipierte Netzwerke zu koppeln, sind eine Reihe von Voraussetzungen zu erfüllen. Im eigentlichen ISDN-Kapitel und bei den praktischen Anwendungsfällen wird dieses Thema noch häufiger zur Sprache kommen.

1.4   Kommunikation und Geschichte

Was bedeutet nun eigentlich der Begriff „Kommunikation"? Und weshalb entstand der Unterbegriff „Telekommunikation"?

Es ist keinesfalls beabsichtigt, eine informationstheoretische Abhandlung oder eine hochwissenschaftliche Definition zu versuchen. Den besten Praxisbezug erhält man, indem die Ursachen, die Auswirkungen und die Entstehung bzw. Entwicklung des Kommunizierens einmal kurz gestreift werden.

Wenn zwei oder mehr Menschen irgendwelche Gedanken oder Informationen austauschen wollen oder auch müssen, so bedienen sie sich üblicherweise der Sprache. Dieses „Medium" kann nun mündlich (akustisch) oder schriftlich (optisch) genutzt werden. Die Sprache wiederum entstand, zumindest in den okzidentalen Gegenden, aus 26 Buchstaben. Dieser bescheidene „Zeichenvorrat" genügt indes, um zig-tausende von Worten zu bilden, die ihrerseits einen ganz bestimmten, vordefinierten Informationsgehalt haben. Die Kommunikation mit Sprachhilfe funktioniert allerdings nur dann, wenn zum einen die Bedeutung der „Buchstabenkombinationen" festgelegt ist und zum anderen der Kommunizierende diese Bedeutung beherrscht und versteht. Man kann also behaupten, daß die jedem geläufige Sprache eine „Codierung" darstellt. Damit sind zwei wesentliche Faktoren einer Kommunikation erkannt:

1. die formale Darstellung und

2. die Bedeutung dieser Darstellung.

Wenn sich also zwei Deutsche unterhalten: „Wie geht es Ihnen?" - „Danke, gut", so haben sie sich gegenseitig verstanden. Der „Absender" der Frage leitet die Wörter an den „Empfänger" weiter, und der wiederum „hört" und versteht die Frage, interpretiert sie richtig und sendet seinerseits die Antwort zurück. Der Fragesteller bekommt demnach eine Information vom Antwortenden und fühlt sich „verstanden".

Das klingt banal, ist es aber nicht. Angenommen, der Befragte ist ein Chinese, der die deutsche Sprache nicht kennt, so kann er wohl den deutschen „Wortlaut" hören, aber nicht sinngemäß beantworten. Um dieses Problem zu umgehen, können die beiden Gesprächspartner nun einen „Umweg" einschreiten, indem sie z.B. einen Engländer einschalten, der sowohl deutsch als auch chinesisch beherrscht. Allerdings müssen die beiden dann ebenfalls englisch verstehen. Der Engländer dient also als „Übersetzer". Die Kommunikation funktioniert also über drei

Stationen: Deutsch - Englisch - Chinesisch und in genau umgekehrter Reihenfolge.

Befinden sich diese drei Menschen nun räumlich weit entfernt,
beispielsweise jeder in seinem Land, so muß die Kommunikation
also Entfernungen überbrücken. Was tun? Sie können sich die
Nachrichten schriftlich zukommen lassen (das dauert!) oder telefonieren (das kostet!) oder einen vierten Partner einschalten, der
irgendwo in der Mitte dieser Drei stationiert ist (das nervt!). Der
optimale Weg für die Lösung dieses „Problems" wäre, wenn nun
jeder eine Funkstation besitzt, mit deren Hilfe jeder mit jedem in
direkten Kontakt treten kann. Womit das Thema Telekommunikation im Raum steht.

Man sieht also deutlich, worauf es ankommt: eine gemeinsame
Nachrichten-Basis und die Entfernungsüberbrückung.

Als die Segnungen der modernen Elektronik noch nicht bekannt
waren, hat die Menschheit andere, relativ einfache Mittel gefunden, Informationen und Nachrichten weiterzuleiten. Man denke
an die afrikanische Buschtrommel, welche die Kommunikation
über gewisse Entfernungen hinweg auf akustischem Wege möglich machte. Oder die indianischen Rauchzeichen, also optische
Übermittlung. In der Seefahrt sind heutzutage noch die Flaggen-
signale gebräuchlich, welche sogar international verstanden
werden. Dies alles funktioniert nur auf „Sichtweite" und/oder
„Hörweite".

Die Entdeckung der elektrophysikalischen Gegebenheiten und
der Funkmagnetwellen war eine der Voraussetzungen für die
Entwicklung des Herrn Morse: das Morsealphabet für die draht-
lose oder verdrahtete Telegrafie. Die Morsezeichen bestehen bekanntlich aus zwei Grundelementen: dem Punkt (.) und dem
Strich (-). Eine festgelegte Kombination von Punkt- und Strich-
folgen bedeuten nun die Darstellung von bestimmten Buchstaben und Ziffern. Also konnte eine schnelle Nachrichten-
übermittlung auf der Basis zweier Stromimpulse (kurz und lang)
erfolgen. Damit wurde das Dual- oder Digital-Prinzip erfunden!

Am Ende dieses kurzen Abstechers sollten noch zwei wichtige
Gesichtspunkte der Kommunikation zumindest angesprochen
werden:

- Vermeidung von Interpretationsfehlern und

- unerwünschte Nachrichten-Empfänger.

Es handelt sich also um Probleme der Sicherheit. Das erste Problem hat im wesentlichen zwei Ursachen und auch zwei Auswirkungen. Zum einen können bestimmte Zeichen oder Wörter falsch übermittelt werden, das führt zu verstümmelten Informationen. Damit kann der Sinngehalt der Nachricht verloren gehen. Zum zweiten sind Fehlinterpretationen möglich, indem eine bestimmte Zeichenkombination mehrere Bedeutungen haben kann, also Synonyme. Der Begriff „pane" bedeutet im englischen „Scheibe", im polnischen jedoch „Herren". Womit einleuchtet, daß sich die Kommunikationspartner über den verwendetet „Code" einig sein müssen.

Zum zweiten Problem der Nachrichten-Fehlleitung oder Abhörsicherheit kann festgestellt werden, daß einige Vorkehrungen getroffen werden müssen:

- man muß sicherstellen, daß der ursprüngliche Nachrichtenempfänger die Nachricht auch tatsächlich erhält, und nicht etwa ein völlig Anderer;

- man muß Vorsorge tragen, daß die Nachricht nicht in falsche Hände gerät, wo sie Schaden anrichten könnte;

- man muß gegebenenfalls die Nachricht so verschlüsseln, so daß sie nur vom vorbestimmten Empfänger verstanden werden kann.

Diese Kommunikationsgrundsätze und Faktoren spielen bei der heutigen und zukünftigen Ausdehnung der Telekommunikation eine wichtige Rolle und sind Bestandteil aller Netzverknüpfungen, gerade auch beim ISDN-Einsatz.

2 Der PC im Netz-Verbund

Die Verbreitung der PC's sowohl im privaten Bereich als auch an den unterschiedlichsten Arbeitsplätzen hat auf alle Fälle zu Umdenkprozessen geführt. Die Computernutzer, hier sind in erster Linie die Anwender aus den Fachabteilungen gemeint, waren und sind in der Lage, die Möglichkeiten der Daten- oder Informationsverarbeitung direkt an den Arbeitsplatz zu verlagern. Die klassische EDV als zentrale Stelle für die Abwicklung von Datenverarbeitungsaufgaben findet nicht mehr nur in der geschlossenen Domäne der Großrechenzentren statt. Die Mainframes werden in der nahen und fernen Zukunft mehr und mehr die Funktion eines leistungsfähigen Datenbankservers einnehmen. Auch die Bewältigung großer Datenmengen und deren unterschiedliche Auswertung (➜ Batch) wird sicher weiterhin auf entsprechend leistungsfähigen und bewährten Rechnertypen ablaufen. Allerdings wird der Trend eindeutig dahin gehen, daß sich die Hosts und deren Artverwandte nach außen hin öffnen müssen. Das heißt also, Großrechner, PC-Netze und die innerbetriebliche Kommunikation werden kontinuierlich integriert werden.

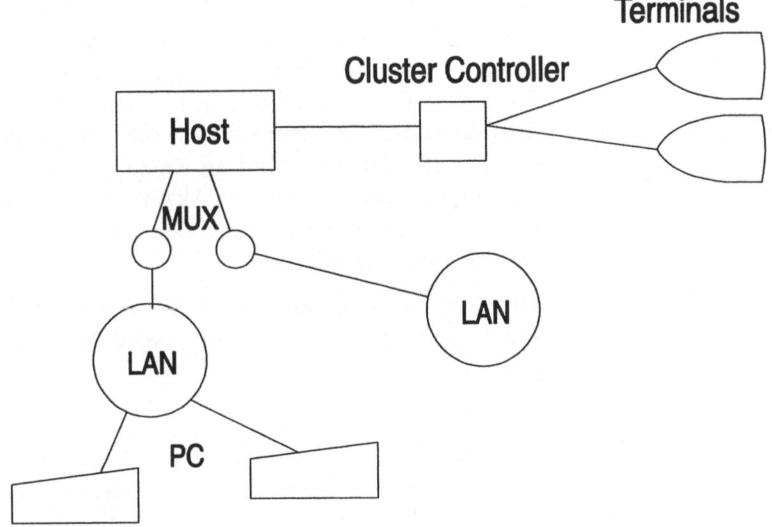

Bild 2-1:
Verbund von PC-
Netz und Mainframe

2.1   LAN's und Grundlagen

Unter einem LAN (=Local Area Network) wird jede Art Netzwerk verstanden, das sich auf einem Gelände eines Unternehmens bzw. in einem Gebäude befindet. LAN's können auch gebäudeübergreifend aufgebaut sein, und mehrere LAN's können zu einem größeren Netzwerk zusammengeschaltet werden. Natürlich sind LAN-Verbindungen auch über die Grundstücksgrenzen hinweg möglich, hierbei muß man jedoch in der Regel die Nutzung eines öffentlichen Netzes der DBP Telekom miteinbeziehen. Ein LAN-Netzwerk befindet sich also in der Hand eines Privatbetreibers und ihm obliegt auch die Verantwortung und Pflege des Netzes.

2.1.1   Der PC als Hauptkomponente

Die zentrale Komponente im lokalen Netzwerk stellt der PC dar. Deshalb ist es sinnvoll, zunächst einmal die Fähigkeiten und Merkmale der PC's zu untersuchen.

Der PC ist technisch und logisch betrachtet ein komplettes EDV-System. Er besitzt einen eigenen Prozessor, mindestens eine Harddisc (Festplatte) und einen entsprechend ausgebauten und ausbaufähigen Hauptspeicher (RAM). Darüber hinaus sind im PC-Gehäuse Steckplätze für Platinen (Boards) vorhanden, in dem die verschiedenen Gerätetreiber untergebracht sind. An den PC können verschiedene Zusatzgeräte wie Drucker, Diskettenstation, Scanner und Modems angekoppelt werden. Auch CD-ROM's und Sprach- und Musikzubehör sind anschließbar. Dazu kommen noch Magnetbandgeräte als Streamer für die Datensicherung. Und der PC besitzt einige standardisierte Schnittstellen in Form von Ports, welche genormt sind (V.24, RS-232 u.a.). Diese Schnittstellen vor allem sind es, die den PC langfristig interessant machen für den Anschluß an Netze und die Telekommunikation. Im Zuge der zunehmenden Akzeptanz und der Ausdehnung des ISDN werden in absehbarer Zeit die ISDN-Schnittstellen wie S_O zum Standard gehören.

Die Softwareseite muß zuerst einmal in die Grundtypen untergliedert werden (es werden verbreitete und gängige Beispiele genannt):

Software

Betriebssysteme:

• Das Standardbetriebssystem DOS (**D**isk **O**perating **S**ystem) von Microsoft; es ist ein zeichen- bzw. befehlsorientiertes Betriebssystem;

- das grafisch-pictogramm-gesteuerte Windows von Microsoft (genauer gesagt handelt es sich hierbei um eine Benutzeroberfläche, die DOS weiterhin benötigt; es wird jedoch in Kürze eine Version auf den Markt kommen, welche ohne DOS auskommt);

- OS/2 von IBM;

- UNIX als offenes Betriebssystem.

Netzwerkbetriebsysteme: verbreitet sind:

- Novell's NetWare,

- Microsoft's LANManager,

- Banyan Vines.

Standard-Anwendungen: hier muß man weiter klassifizieren:

- **Textsysteme**
  MS-Word, WordPerfect etc.

- **Grafiksoftware**
  wie Corel Draw, Harvard Graphics, Designer etc.

- **Tabellenkalkulationssoftware**
  wie Lotus 1-2-3, Excel etc.

- **Datenbanksoftware**
  wie Access, dBase, Oracle, SQL, Gupta, ADABAS etc.

- **Spezial-Anwendungen**:
  Faxbearbeitungssoftware, Dokumentenverwaltung, Terminplaner, Buchhaltung, Fakturierung etc.

- **Werkzeug zur individuellen Softwareentwicklung**:
  Programmiersprachen, Compiler, Editoren und Hilfsprogramme für Datensicherung etc.

Der PC kann also als individueller und gleichzeitig professioneller Einzelplatzcomputer eingesetzt werden. Die Speicherkapazität eines PC sowie die Arbeitsgeschwindigkeit sind jedoch trotz permanenter Weiterentwicklung im Vergleich zu den (teuren) Großrechnern vergleichsweise begrenzt. Das heißt mit anderen Worten: für Massendaten-Haltung und -Verarbeitung ist er nur eingeschränkt geeignet. Auch für Druckausgaben in großen Mengen ist der PC-Drucker sicher überfordert. Ein Großversandhaus zum Beispiel muß an einem Tag ohne weiteres 20.000 Rechnungen drucken usw. Dafür jedoch ist der PC grafikfähig und kann mit dem Laserdrucker brillante Grafiken ausgeben. Es gibt eben wie immer Vor- und Nachteile.

Ergo: weshalb sollte man die Möglichkeiten der unterschiedlichen Rechnerwelten nicht kombinieren können? Man kann! Und genau das wird mit den Vernetzungen erreicht.

Der PC als „Universalgenie" kann im Netz auch Steuerungsaufgaben übernehmen. Beispielsweise könnte er als „Kontaktstelle" zu anderen LAN's und über das ISDN vielseitige Aufgaben übernehmen. Die umfangreichen Möglichkeiten in Netzwerken und die verschiedenen Anforderungen an das PC-Netz werden nun im nachfolgenden untersucht.

2.1.2 Der grundsätzliche Aufbau eines PC-Netzes

Welche Anforderungen werden an PC-Netze gestellt und welche Fähigkeiten müssen die Netzwerke und alle sich darin befindlichen Komponenten aufweisen?

Die Charakteristika eines lokalen Netzes ist geprägt von fünf Kriterien:

PC-Netz-
Charakteristika

1. **Funktion**; hierunter ist die optimale Nutzung von Ressourcen im Netz und der Anschluß an Host-Systeme zu verstehen.

2. **Topologie**; hier wird die Architektur unterschieden in Sterntopologie, Bus oder Ring.

3. **Übertragungsmedium**; 2-Draht, 4-Draht, Koaxialkabel, FDDI oder Funk.

4. **Zugriffsverfahren**; Ethernet, Token Ring etc.

5. **Benutzung von Standards**; die benutzten Protokolle und Schnittstellen.

Daß die Netzwerkkomponenten in irgendeiner Form verkabelt sein müssen, ist quasi selbstverständlich. Und daß Schnittstellen in Form von Steck- oder Schraubverbindungen vorhanden sein müssen, ist genauso logisch. Die rein technische Seite ist zwar unerläßlich und beeinflußt nicht zuletzt die Zuverlässigkeit und Schnelligkeit im Netz, soll in diesem Rahmen aber nicht bevorzugt interessieren.

Generell kann festgestellt werden, daß ein vernetzter PC eine entsprechende Interfacekarte voraussetzt. Diese Karte stellt die logische Verbindung zum Netz und zu den anderen Netzteilnehmern dar.

An die Netzkanäle werden im wesentlichen folgende Anforderungen gestellt: Das Netzwerk muß eine schnelle Übertragung gewährleisten und weitgehend ausfallsicher sein. Die Ausbaufähigkeit spielt ebenfalls eine wichtige Rolle.

Die Ressourcen in Form von PC's und diversen anderen Geräten, die für alle im Netz Beteiligten ihre Dienste erbringen müssen, heißen deshalb pauschal auch „Server", also Diener. Im Prinzip besteht ein Server aus einem Hochleistungs-PC oder auch Workstation mit schnellen Platten und möglichst viel Hauptspeicher. Die im Netz notwendigen Zusatzgeräte wie Drucker, Plotter, Faxgeräte und Plattenstationen können nur über die Steuerung des Server-PC's angesprochen werden. Funktional betrachtet gibt es eine Reihe von Server-Arten:

Serverarten

- Drucker-Server,
- File-Server,
- Fax-Server,
- Disk-Server,
- Telex-Server,
- Btx-Server,
- Mail-Server,
- Gateway-Server etc.

Bild 2-2:
Typisches LAN-Netzwerk

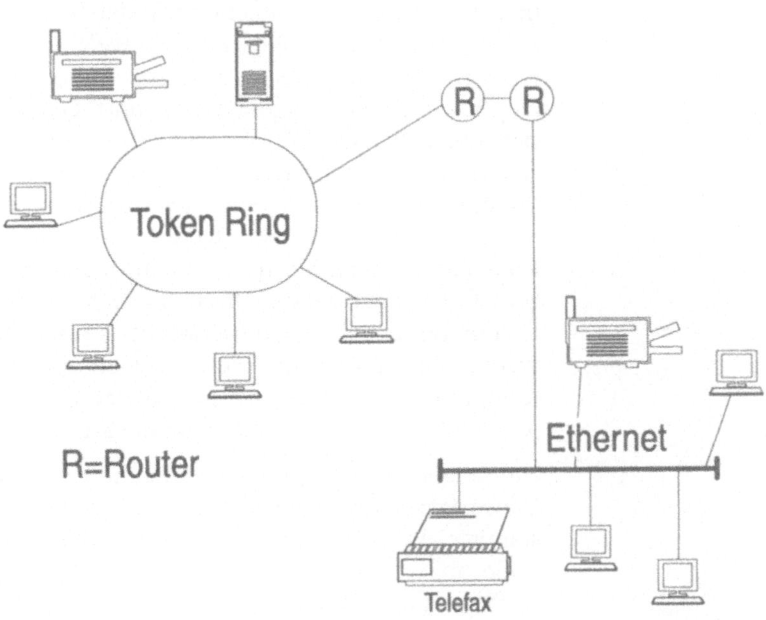

Diese Geräte können nun von allen sich im Netzwerk befindlichen Datenstationen wie Terminals oder PC's angesprochen und dessen Dienste verlangt werden. Das sieht in der Praxis so aus: 20 Benutzer-PC's teilen sich die Dienste eines guten und teuren Laserdruckers und halten ihre Daten auf einem gesonderten Datenbankserver. Man spricht hierbei auch von „Ressourcen-Sharing". Das gesamte LAN kann nun an das SNA-Netz vom Mainframe gebunden sein und darüber hinaus noch mit anderen LAN's desselben Unternehmens kommunizieren.

Im übrigen werden die anfordernden PC's von Serverdiensten „Clients" genannt. Die Client/Server-Denkweise benötigt ein separates Kapitel.

Ein LAN-Netzwerk transportiert alle Arten von Nachrichten: Daten, Texte, Dokumente, Zeichnungen, Grafiken und in absehbarer Zeit auch Videobilder und Sprache.

Ein PC mit entsprechender ISDN-Ausrüstung kann als Gateway an einer LAN-WAN-LAN-Verbindung auftreten, worauf noch detailliert eingegangen wird.

2.1.3   LAN-Host-Kopplung

In einer Mainframe-Umgebung findet man seit langem die Vernetzung von vielen Bildschirmen, welche direkt mit dem Großrechner in Verbindung stehen. Spätestens seit sich die Bildschirme (auch Datensichtgeräte genannt) etabliert haben, öffneten sich der EDV-Technik und dem Umgang mit dem Computersystem neue Dimensionen. War davor noch die Stapelverarbeitung dominierend, so verlagerte sich die Computerarbeit mehr und mehr in den Bereich der Dialog- oder Online-Verarbeitung. Die Datenbanken standen nunmehr in direktem Zugriff für den einzelnen Sachbearbeiter. Diese Tatsache führte in den meisten Unternehmen zu organisatorischen Umformungen. Allerdings waren die Bildschirm-Terminals nicht in der Lage, in direkte Kommunikation untereinander zu treten. Das war nur unter der „Oberaufsicht" des Zentralrechners möglich.

Die sogenannten „dummen" Terminals konnten wohl einige Bildschirmseiten abspeichern, sie konnten jedoch nicht eigenständige Prozesse ablaufen lassen. Eine solche Konfiguration findet man heute noch in Großunternehmen, wo die Applikationssteuerung zentral von sogenannten Monitorsystemen wie CICS oder IMS/DC gesteuert und überwacht werden. Der PC weist gegenüber einem einfachen Datenterminal große Vorteile auf. Er ist schließlich „selbst" ein eigenständiger Computer mit lokalen Speichermöglichkeiten.

Schließt man nun einen PC beispielsweise an das SNA, so sind hardwareseitig und softwareseitig einige Anpassungs- und Schnittstellenprobleme zu lösen. Da das gewöhnliche Bildschirmterminal zeichenorientiert arbeitet, muß der PC mit einer sogenannten Terminal-Emulation arbeiten. Das heißt nichts anderes, als daß die Architektur des Großrechners gewissermaßen simuliert wird. Hinzu kommt noch, daß die Hostrechner in der Regel mit dem EBCDIC-Code arbeiten, die PC's jedoch zumeist im ASCII-Code. Es erfolgen demnach Umformungen.

Ein PC-Netz wird nun über eine Steuereinheit mit dem Hostnetz verbunden. Der PC-Benutzer im Netz kann auf die Hostdaten direkt zugreifen und Teile dieser Daten per Filetransfer auf die lokale Platte oder aber in den Netz-File-Server kopieren. Natürlich ist diese Datenübertragung auch umgekehrt möglich. Sollen nun beispielsweise Daten ausgedruckt werden, so kann dies am Netzwerkdrucker erfolgen. Dadurch sind die Ausdrucke schnell verfügbar. Andererseits kann eine große Menge an Druckdaten über den Schnelldrucker des Host ausgegeben werden.

Der Mainframe kann zudem noch die Datensicherung der lokalen PC-Platten übernehmen, dazu können automatische Prozesse anlaufen. Die bewährten Möglichkeiten im DV-Rechenzentrum sind vorhanden und die Datensicherung am PC kann entfallen.

Im PC-Netz konzentriert sich die Arbeit auf die Applikationen, und dem Host als Dateiserver obliegt die Verwaltung und Verarbeitung von Massendaten. Die PC-LAN-Host-Kopplung ist weniger ein technisches Problem, als vielmehr ein organisatorisches. In einer solchen vernetzten Umgebung gibt es zentrale Probleme zu lösen. Die wichtigsten sind die Datensicherung, der Datenschutz, die Netzwerksicherheit und die Antwortzeiten.

In den folgenden zwei Unterkapiteln werden die verbreitetsten Netzwerktypen kurz vorgestellt.

2.1.4   Ethernet

Das Ethernet ist ein Netzwerk mit Busstruktur, der Zugriff erfolgt über das CSMA-Verfahren. Dabei handelt es sich um ein konkurrierendes Verfahren. Im Bussystem kann jede Station im Netz zu jeder Zeit versuchen, auf das Netz zuzugreifen. Die Verbindungen erfolgen über Koaxialkabel. Jede sich im Netz befindliche Station verfügt über einen Transceiver und einen eigenen

Controller. Der Transceiver stellt eine Sende- und Empfangseinrichtung dar für den Zugang zum Übertragungskabel. Der Transceiver meldet an den Controller, ob die Leitung frei ist oder nicht. Dieser wiederum entscheidet, ob die Daten für die eigene Station bestimmt sind oder nicht. Im Negativfall werden die Daten wieder an das Netz weitergegeben.

Das Verfahren CSMA/CD funktioniert folgendermaßen: Dasjenige Terminal, das die Leitung zuerst „besetzt", darf auch senden. Wenn das Übertragungsmedium besetzt ist, startet der Controller nach einer gewissen Zeit einen zweiten Versuch. Die Zeitintervalle dieser Sendeversuche sind via Software einstellbar. CSMA/CD hört die Leitung quasi permanent ab, ob sie frei ist

Ethernet wird von diversen Herstellern unterstützt. Die Firma DEC (Digital Equipment) hat das Ethernet vor allem bekannt gemacht.

2.1.5   Token Ring

Im Token-Verfahren hat sich vor allem die Ringtopologie durchgesetzt. Die Zugriffskontrolle wird hierbei nicht von einer zentralen Steuereinheit übernommen, sondern durch den Token. Das ist eine Bitkombination, die gewissenmaßen ständig im Ring herum „kreist". Kommt dieses Token nun an einer Netzstation vorbei und zeigt den Zustand „frei", so kann diese Station den Token als „besetzt" markieren und die zu sendenden Daten an den Token „anhängen". Man bezeichnet den Token auch als Frame. Alle Stationen im Ring lesen die Nachricht und erkennen, ob die Nachricht für die eigene Station bestimmt ist. Wenn nicht, wird der Token samt Anhang wieder „auf die Reise" geschickt. Diejenige Station, für die der Datenstrom bestimmt ist, „kassiert" die Daten und markiert sie als erhalten. Sie kreisen nun weiter bis zur Ausgangsstation, und dort wird der Token mit der „Frei"-Kennung wieder ins Netz entlassen.

Diese Technik wurde vor allem durch IBM bekannt und verbreitet.

2.1.6   Peer-to-Peer-Netze

Ein Peer-to-Peer-Netzwerk ist ein Netzwerk für den Anschluß weniger Datenstationen. Sollen nun beispielsweise ein Dutzend PC's vernetzt werden, so genügt in der Regel ein derartiges Einfach-Netzwerk. Dieser Netztyp kommt ohne spezielle Server aus, ein im Netz angeschlossener Drucker kann also direkt von jedem PC aus angesteuert werden. Das heißt, daß die Server-funktionen in jedem PC integriert sind. Nachteilig ist dabei, daß zusätzlicher Speicher in den PC's reserviert werden muß für die Netzfunktionen. Im allgemeinen erspart man sich allerdings ein umfangreiches Netzbetriebssystem und Netzmanagement. Bei-spiele sind NetWare light oder WfW (Windows for Workgroups). Diese Netzsysteme eignen sich zum einen für Einsteiger und zum anderen für die Bildung von Workgroups. Sie sind zudem einfach zu installieren und auch preisgünstig. Darum nennt man sie auch Low-Cost-Netzwerke.

2.1.7 Netzwerksoftware und Management

Das Verwalten von Netzwerken jeder Art, hier sind natürlich primär die LAN's gemeint, besteht in einer Vielzahl von Tätigkei-ten. Unter einem Netzwerkmanager muß man sich jedenfalls zweierlei vorstellen:

- eine Person, welche für den Aufbau und den Betrieb eines Netzwerkes zuständig ist und

- ein Softwaresystem, welches das gesamte Netz überwacht und steuert.

Zuerst einmal zum Netzwerk-Administrator in persona. Es leuchtet ein, daß der Netzverantwortliche einige Voraussetzun-gen mitbringen muß. Am besten man listet die wesentlichen Grundkenntnisse auf und führt im Anschluß daran die typischen Tätigkeiten auf:

Typische Anforde-rungen an einen Netzwerk-Administrator

- umfassende Kenntnisse der Unternehmensstruktur, hier ins-besondere in Bezug auf die Kommunikations- und Daten-verarbeitungsgegebenheiten,

- theoretische und praktische Kenntnisse von verschiedenen Netzwerktypen, Netztopologien und deren Vor- und Nach-teilen,

- entsprechende Hardwarekenntnisse über die Leitungsarten, Netzkomponenten aller Art und die Verbindungsvorausset-zungen,

- Kenntnisse der erhältlichen Boards und Driver,

- Beherrschung mindestens eines Netzbetriebssystems.

Typische Tätigkeiten des Netzwerk-Administrators

Was muß ein Netzadministrator typischerweise tun?

- Installation von Netzen bzw. deren Überwachung,

- Anschließen von Netzkomponenten wie Server, PC's etc.,

- Aufspüren von Störungen und Engpässen im Netzwerk,

- Austauschen von Netzteilen, auch während des Netzbetriebes,

- Überwachen des Netzbetriebes in technischer und organisatorischer Hinsicht,

- Schulung und Trouble-Shooting bei Problemen aller Art,

- Installation und Bedienung des Netzbetriebssystems.

Das Netzbetriebssystem kann entweder als eigenständiges Betriebssystem fungieren oder aber als Betriebssystemzusatz, also eine Art Subsystem unter der Oberhoheit des regulären Betriebssystems. Die Grundanforderungen an ein leistungsfähiges Netz-Verwaltungssystem sind folgende:

Anforderungen an ein Netz-Betriebssystem

- einfach und sicher installierbar,

- übersichtlich aufgebaut auf der Bedienerseite,

- modularisierte Struktur für nachträgliche Erweiterungen,

- Schnittstellen zu verschiedenen heterogenen Komponenten,

- automatisierte Hintergrundfunktionen zur selbständigen Überwachung der Netzwerkaktivitäten,

- Unterstützung bei der Fehlersuche und -Analyse,

- generelle Funktionssteuerungs-Module für die Einrichtung von Fileservern, Workstations, PC's, Benutzerkennungen, Zugriffsrechten und Druckern.

- Interfaces zu WAN-Verbindungen (hier z.B. ISDN-Unterstützung).

- Schnittstellen bzw. Bearbeitungsmodule für Btx, Mailservices und Modemsteuerungen,

- Zugangsmöglichkeiten zu den Telekom-Services für die Datenübertragung.

Verbreitete Netzwerksoftware sind Novells NetWare, Microsoft's LANManager, Banyan Vines u.a.

2.2   Workgroup Computing

Das Arbeiten am PC im Netz setzt bei allen Teilnehmern eine gewisse Disziplin voraus. Damit soll lediglich auf den Umstand hingewiesen werden, daß jeder PC zwar eine „Rechnerwelt im kleinen" darstellt, bei der Vernetzung und dem effizienten Umgang damit stellen sich gewisse Anforderungen und „Spielregeln". Ein Team von Mitarbeitern in einer Fachabteilung hat naturgemäß gleich- oder ähnlich gelagerte Tätigkeiten auszuführen. Innerhalb einer Firma bilden solche Gruppen also „Funktionen". Die Computer und deren Bediener müssen demnach für spezifische Zwecke eingesetzt werden. Sie bilden damit quasi „ein Subnetz im Netz", man spricht dabei auch von einer „geschlossenen Benutzergruppe".

Die Gleichartigkeit in solchen logischen Gruppen bedingt dabei den Einsatz von begrenzten Datenhaltungen. Auch die Applikationssoftware wird nur für diese funktionalen Datenverarbeitungsinseln eingesetzt werden. Zu anderen Gruppen bestehen die Verbindungen vorwiegend in den File-Server-Schnittstellen. Dabei sind natürlich auch LAN-WAN-LAN-Verbindungen via ISDN nötig und möglich. Man denke an die Großbank und ihre Filialen.

Wie sind nun die Gegebenheiten in einer Windows-Umgebung?

2.2.1   Windows im Netz

Die grundsätzlichen Konfigurationsmöglichkeiten im Netz gliedern sich in drei Arten, deren Vor- und Nachteile untersucht werden sollen.

1.   Die komplette Installation, also Programme und Daten befinden sich auf der lokalen Festplatte;

2.   beides wird auf dem Fileserver installiert und

3.   verteilte Haltung: Programme auf dem File-Server, Daten auf lokaler Festplatte.

Eines des Hauptprobleme bei Windows-Installationen im Netz ist die Tatsache, daß Windows zwei Arten von Konfigurationsdateien generiert: die Hardwareabhängigen und die User-Abhängigen.

Vorteile zu 1:

*   Auf der lokalen Platte befinden sich beide Konfigurationsdatei-Typen;

*   die Netzperformance wird besser, da lokale Plattenzugriffe stattfinden;

*   Windows ist wesentlich schneller startbar im Vergleich zur Netzversion;

Nachteile zu 1:

*   es gibt für jeden PC eine eigene Windows-Installations-Version; dadurch sind Wartungs- und Update-Arbeiten auf jedem PC durchzuführen;

- die Lösch-Schutzfunktionen der Fileserver wirken bei lokaler Platte nicht;

- jeder PC benötigt eine eigene Festplatte mit entsprechender Speicherkapazität und Zugriffsgeschwindigkeit.

Vorteile zu 2:

- Windows ist einmal installiert, dadurch ist der Wartungs- und Installationaufwand geringer;

- eine Umkonfigurierung für die einzelnen PC's ist einfacher und schneller;

- die File-Server-Schutzmechanismen greifen;

Nachteile zu 2:

- die Programme werden vom Server aus geladen, und die Datenveränderungen finden ebenfalls über das Netz statt, das bedeutet Wartezeiten;

- das Netz wird mit Sicherheit höher belastet.

Vorteile zu 3:

- Der Programmstart wird schneller im Vergleich zur oben genannten Methode 2;

- die Benutzerdaten verbrauchen keinen Platz auf dem Fileserver für alle;

Nachteile zu 3:

- die Installation und Wartung ist hier ähnlich wie bei Methode 1;

- die lokalen Konfigurationsdaten sind nicht geschützt.

2.2.2   Windows for Workgroups

Windows for Workgroups (WfW) stellt eine spezifische Unterart von Windows dar, die Windows-Netzwerkvariante. Sie ist allerdings für kleinere Netze konzipiert und wird kaum den Anforderungen in einem ausgewachsenen Netzwerk gerecht. Als ein typisches Peer-to-Peer-Netzwerk ist WfW auf Gleichberechtigung im Netz ausgelegt und ist demzufolge nicht hierarchisch aufgebaut wie die größeren Netzwerke. Es gibt mittlerweile einige Softwarezusätze, die gleichzeitig das Arbeiten mit ISDN vereinfachen: ISDN for Workgroups.

Das Wesentliche an diesem Betriebssystem ist die Integration aller wichtigen Netzwerkfunktionen im Windows. Man muß also nicht auf das Netzbetriebssystem „umschalten" und damit Windows verlassen. Allerdings lassen sich die Netzprodukte Novell NetWare und LANmanager mit WfW kombinieren. Damit kann WfW als Einsteiger-Netz-Software eingestuft werden und eben bei Arbeitsgruppen zum Zug kommen.

Mit WfW kann jeder PC-Nutzer bestimmte Daten auf seiner Festplatte für die Nutzung anderer im Netz zugänglich machen und andere wiederum vor Zugriff schützen. Notwendig sind pro PC dabei 3 Dinge: eine Netzwerkkarte, die Verkabelung und die Treibersoftware. Natürlich muß die Steckkarte (board) zur verwendeten Netztopologie passen genauso wie für den spezifischen Rechnertyp. Solches gilt jedoch generell.

Alle netzwerkspezifischen Aktionen erscheinen in einem separaten Fenster und sind damit einfach zugänglich.

Bild 2-3:
ISDN for Workgroups
im Windows

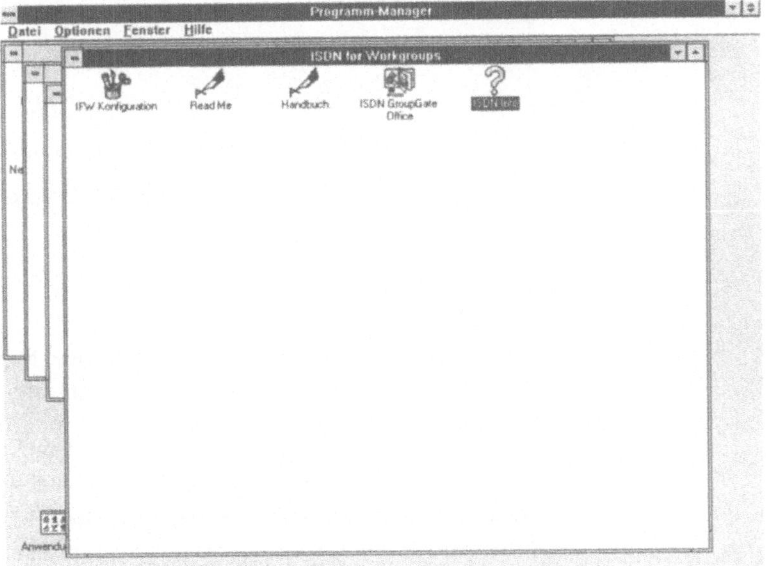

Diese Art von Netzsoftware ist damit gut geeignet für „das Netz im Netz" und wird sich sicher durchsetzen.

2.3   Client/Server-Ansätze

Seit längerem findet man in der Fachpresse sowie kontinuierlich auch in der Praxis einige Schlagwörter, deren generelle Bedeutung in diesem Rahmen erläutert wird. Im Zusammenhang mit ISDN und PC-Netzen sind sie zwar nicht unmittelbar von Bedeutung, jedoch mittelbar. Das heißt, auch die öffentlichen Netzwerke und deren Möglichkeiten und in jedem Fall die PC-Arbeit wird sich auf die Methoden oder auch Denkmodelle einstellen müssen. Jedenfalls sind LAN's dafür Voraussetzung. Man kann davon ausgehen, daß hier Trends im Gange sind und in vielen Unternehmen, zumindest bei Neuentwicklungen, Umwälzungen stattfinden.

Bild 2-4:
Client-/Server-Modell

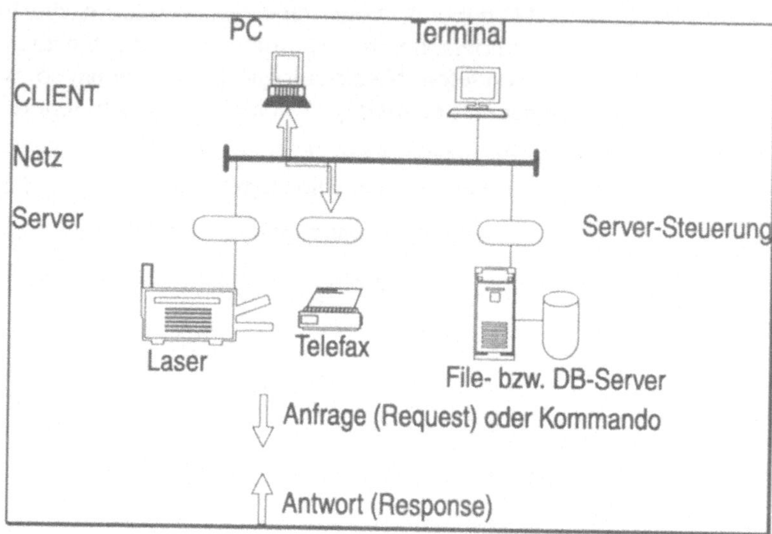

Das Client-/Server-Modell geht von der Maxime aus, daß die Aufgabenverteilung in einem Computersystem zweistufig zu betrachten ist: einmal der Diensteanforderer (also der Client) und zum anderen der Dienstelieferant (der Server). Man spricht auch von distributed computing oder verteilter Datenverarbeitung. Der Grundgedanke ist der, daß die typischen EDV-Arbeiten aus der Anfrage oder Anforderung an das System besteht und das System die Antwort oder das Anfrageergebnis zu liefern hat. Bestimmte vorgefertigte Serverfunktionen stehen damit dem Diensteanforderer zur Verfügung. Grundsätzlich verspricht man sich davon zwei wesentliche Vorteile: zum einen eine größere Flexibilität bei den Aufgabenlösungen und zum anderen Kostenvorteile.

2.3.1 Downsizing

Grundsätzlicher Gedanke hierbei ist der, vom Mainframe als geschlossenes System wegzukommen und auf offene PC-Netz-Systeme „umzuschalten". Es geht allerdings nicht darum, den

Großrechner einfach zu eliminieren und stattdessen soundsoviele PC's zu installieren. Der vordergründige Gedanke ist der, die relativ schwerfällig reagierende Zentral-EDV auf einzelnen Teilgebieten direkt zum Anwender in die Fachabteilungen auszulagern. Viele der Computerdienste kommen auf diese Weise mehr zum Endnutzer und nicht umgekehrt. Der zentrale Rechner übernimmt immer mehr Aufgaben und wird somit zusehends „vollgestopft" mit Programmen und Datensammlungen. Das permanente Aufrüsten mit Hauptspeicher und Platteneinheiten hat naturgemäß einmal ein Ende, erstens aus technischen Gründen und zweitens aus Kostenüberlegungen. Viele EDV-Aufgaben können effizienter im PC-Netz gelöst werden und damit einhergehend das zentrale Rechenzentrum von bestimmtem „Ballast" befreit werden. Der angestrebte Zustand ist der, daß der Host nur noch als leistungsfähiger Datenbankserver dient und die Softwareentwicklung sowie die abteilungsorientierten Arbeiten am PC stattfinden.

2.3.2   Rightsizing

Dieser Begriff ersetzt eigentlich bereits das „Downsizing". Hierunter versteht man die bedarfsgerechte Dimensionierung aller im Unternehmen vorhandenen IT-Ressourcen, um ein optimales Preis-/Leistungsverhältnis in der Datenverarbeitung und Kommunikation zu erreichen. Das Rightsizing zieht sich dabei praktisch durch alle Abteilungen eines Unternehmens und führt damit zu flacheren Hierarchien. Auch „lean management" zielt in diese Richtung. Eine flexiblere, unternehmenszielorientierte Informationssteuerung wird damit angestrebt. Genau genommen betrifft dies nicht nur die DV und den Kommunikationsfluß, sondern auch unter Umständen die Umstrukturierung des gesamten Unternehmens.

2.3.3   Objektorientierung

Dieser Denkansatz betrifft in erster Linie die Systemanalyse und die Programmentwicklung. Bei der O. werden Prozeduren und die dazugehörigen Daten als Einheit betrachtet. Dabei steht bei der Aufgabenstellung und -Formulierung das Objekt, also das „WAS" im Vordergrund und nicht das „WIE" oder „WOMIT". Ein weiterer Aspekt ist, daß man auf vorhandene Objekte, also bereits vorgefertigte Teillösungen zurückgreifen will. Bei einer Problementwicklung sollen deshalb Module aus einer Objektbibliothek herangezogen und kombiniert werden können. Eine gewisse Unabhängigkeit von Ressourcen, Speicherzuordnungen und Entwicklungssoftware wird dabei angestrebt. Die Objektorientierung wird in der Zukunft zusammen mit C/S-Lösungen auf PC-Netz-Basis eine große Rolle spielen.

2.4   Corporate Networking, Internetworking

Die Definition: Corporate Networks sind Telekommunikationsnetze, deren Leistungen und Ergebnisse von kompletten Unternehmen und Konzernen genutzt werden können und die auf die spezifischen Belange zugeschnitten sind. Das ETSI beschäftigt sich seit rund zwei Jahren mit der Definition der charakteristischen Merkmale. Demnach zeichnet sich ein CN durch folgende Merkmale aus:

- Weitverkehrsnetz; national, kontinental oder weltweit betrieben mit der Ausdehnung eines Unternehmens, unabhängig von geographischen Lagen;

- die Nutzeranzahl ist begrenzt auf das Unternehmen selbst, Konzerntöchter und gegebenenfalls auch angeschlossene Geschäftspartner;

- die Netzwerkanforderungen werden in erster Linie durch die gemeinsamen Ziele und Bedürfnisse bestimmt;

- die Leistungen und die Bereitstellung kann rein privat oder im Mix mit öffentlichen Netzen erfolgen.

Der Betreiber und der Manager des Netzes muß also nicht unbedingt in einer Person oder Einzelfirma zu sehen sein. Da in den meisten Ländern, so auch bei uns, das Netzbetreibungsmonopol (noch) in der Hand der DBP Telekom bleibt, sind zwangsläufig die Dienste der öffentlichen Netze mit einbezogen.

Natürlich kann ein CN auch auf einem einzigen Grundstück installiert sein. In der Praxis sind dies Netze von Großfirmen, die im Prinzip aus vielen LAN's bestehen. Wesentlich ist die Tatsache, daß das Gesamtnetz und dessen Steuerung gewissen rechtlichen Regelungen und Vereinbarungen unterliegt. Ein CN hat jedenfalls das primäre Ziel, den Informations- und Kommunikationsfluß eines gesamten Unternehmens zu koordinieren und zu steuern.

Das Fernmeldenetz der DBP Telekom

Die Infrastruktur des öffentlichen Fernmeldenetzes zeichnet sich durch zwei gewichtige Pluspunkte aus:

1. es ist im Prinzip für jedermann zugänglich, der die notwendigen Voraussetzungen erfüllt, und

2. es bildet das mit Abstand am besten ausgebaute Netzwerk für Kommunikationszwecke, und zwar in technischer und organisatorischer Hinsicht.

Mit annähernd 36 Millionen Anschlüssen kommt statistisch gesehen auf 2 Einwohner in der Bundesrepublik ein Telefonanschluß. Damit kann mit Fug und Recht von einer Flächendekkung gesprochen werden. Der Betreiber des Telefonnetzes heißt in Deutschland DBP Telekom. Aufgrund des gesetzlichen Telefondienstmonopols ist daher auch nur die Telekom berechtigt, das Netz aufzubauen, zu unterhalten und auf die Marktgegebenheiten hin anzupassen. Beim sogenannten Netzwerkabschluß oder auch TAE (Telekommunikations-Anschluß-Einheit) endet allerdings die Zuständigkeit, ab dort wird es privat. Die drei wichtigsten TK-Netze werden in diesem Kapitel in den Grundzügen erläutert.

3.1 Das Fernsprechnetz

Das Telefonnetz ist ursprünglich primär für die analoge Sprachübertragung entwickelt und konzipiert worden. Die Ausnutzung des Netzes mit dem Übertragen von Sprache, also das Telefonieren, nimmt auch heute noch den breitesten Raum ein. Die technischen Grundlagen sind in erster Linie die „Leitungen", welche als Freiland- und Erdverkabelungen vorhanden sind. Verschiedene Netzknoten sind darüber hinaus über den Richtfunk miteinander verbunden. Das ganze Land ist somit „vernetzt", ohne daß man sich dieser Tatsache unbedingt bewußt ist. Damit nun auch wirklich jeder mit jedem telefonieren kann, mußte das Fernsprechnetz als hierarchisches Maschennetz aufgebaut werden. Im Netzwerk befinden sich verschiedene Stufen von Vermittlungsstellen oder auch Netzknoten.

Das Fernsprechnetz ist im übrigen kein reines Maschennetz, es enthält darüber hinaus noch Elemente von Ring- und Baumstrukturen. Ortsnetze untereinander sind ringförmig vernetzt und die Teilnehmer im Ortsnetz gewissermaßen als Zweige in einer Baumform.

Bild 3-1:
Vermittlungsstellen-Hierarchie und die Kennzahlen

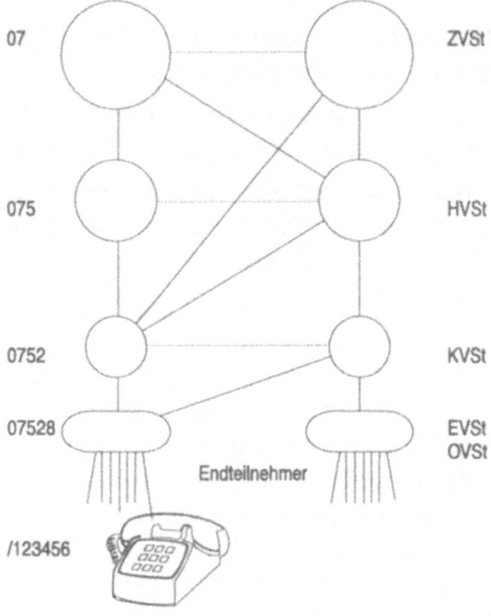

Die fünf Vermittlungsebenen sind (von oben nach unten):

1. die ZVSt oder Zentralvermittlungsstellen,

2. die HVSt oder Hauptvermittlungsstellen,

3. die KVSt oder Knotenvermittlungsstellen,

4. die EVSt oder Endvermittlungsstellen und

5. die OVSt oder Ortsvermittlungsstellen.

Es gibt derzeit 8 ZVSt oder FTZ = Fernmeldetechnische Zentralämter. Als oberste Hierarchiestufe sind sie zuständig für den Weitverkehr und die internationalen Verbindungen. Man bezeichnet die Verbindungen zu und von den ZVSt auch als überregionales Netz. Die nächste Stufe bilden die HVSt als regionale Schaltstellen mit den OPD-Fernmeldeämtern, es gibt 72 davon. Darunter fungieren die KVSt mit ihren Verbindungen zu den EVSt und den Ortsnetzen (624 Stück). Die unterste Stufe im Netz stellen die Ortsnetze mit den jeweiligen Fernmeldeämtern dar, es gibt inzwischen etwa 5200 davon. Innerhalb eines Ortsnetzes bestehen direkte Verbindungen zu jedem Endteilnehmer. Will man innerhalb eines Ortsnetzes eine Verbindung, so muß man keine ONKz (=Ortsnetzkennzahl), auch bekannt als Vorwahlnummer, vor der eigentlichen Rufnummer des Teilnehmers wählen. Bei Verbindungen außerhalb eines ON ist dies allerdings notwendig.

Bild 3-2:
Maschenstruktur des öffentlichen Netzes

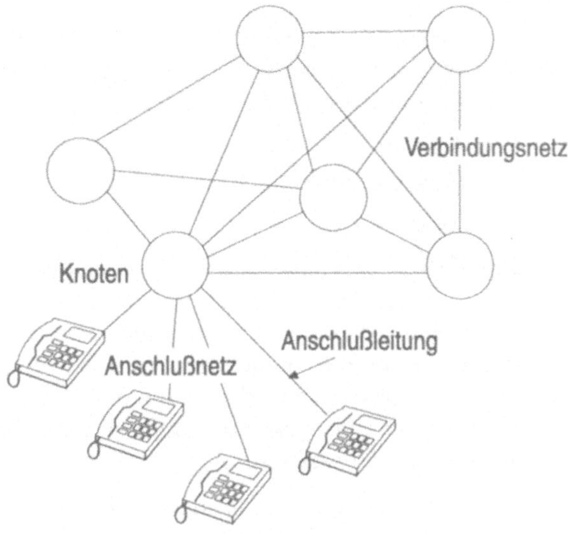

Was als selbstverständlich klingt, ist die Identifikation jedes Teilnehmers anhand seiner eindeutigen Rufnummer innerhalb der Ortsnetzstruktur. Die unmißverständliche Kennung besteht also aus zwei Teilen: der Ortsnetzkennzahl und dem Amtsanschluß. In den früheren Ausbaustufen wurden „Fern"-Verbindungen, vor allem in das Ausland, per Handvermittlung geschaltet (das Fräulein vom Amt). Inzwischen gibt es die Wählautomatik dank der technischen Ausstattung der einzelnen Netzknotenstellen.

Die Vermittlung funktioniert nach dem Prinzip des kürzesten Weges. Die Querverbindungen der Ortsnetze werden ausgenutzt, soweit möglich. Erst bei Nichtzustandekommen einer Verbindung wird auf die nächst höhere Ebene geschaltet. Das alles funktioniert, ohne daß der einzelne Endteilnehmer davon in der Regel viel mitbekommt.

Auf technische Details wird hier bewußt verzichtet, es genügt das Wissen um die Strukturen. Ein wesentlicher Punkt ist die Tatsache, daß die DBP Telekom ihre Fernvermittlungsstellen inzwischen alle auf die Digitaltechnik umgestellt hat. Dieser Hinweis ist in bezug auf die ISDN-Dienste von Bedeutung. Um in einem analogen Netzwerk digitale Signale übertragen zu können, ist anwenderseitig der Einsatz eines Modems notwendig. Dazu später mehr.

3.2   Das IDN

Das IDN (= integriertes Text- und Datennetz) stellt gewissermaßen eine Erweiterung des Fernsprechnetzes dar. Es ist untergliedert in drei wesentliche Teilnetze:

- Datex-L,
- Datex-P und
- Telexnetz.

Das IDN ist ein sogenanntes virtuelles Netz im Netz auf digitaler Basis. In gewisser Weise kann es als der Vorläufer zum ISDN angesehen werden. Die digitale Übertragung über das Analognetz muß mit qualitativen und leistungsmäßigen Abstrichen erfolgen. Das liegt in der Natur der Technik. Immerhin müssen Signalumwandlungen von analog nach digital und umgekehrt vorgenommen werden.

Das **Datex-L**-Netz arbeitet nach dem Leitungsvermittlungsprinzip. Die Teilnehmer, welche einen Datenaustausch vornehmen wollen, müssen eine Verbindung erhalten, die gewissermaßen reserviert ist. Auch wenn keine Daten übertragen werden, bleibt die Verbindung bestehen. Eine Einschränkung besteht darin, daß beide Teilnehmer über Einrichtungen verfügen müssen, welchen dieselbe Transferrate zugrundeliegt.

Das **Datex-P**-Netz oder auch X.25-Netz funktioniert paketorientiert. Hierbei sind unterschiedliche Transferraten möglich. Die Daten werden gewissermaßen in Pakete verpackt auf den Weg geschickt. Die Datenpakete werden in den Vermittlungsstellen zwischengespeichert, dadurch können die Verbindungen zum Endnutzer asynchron arbeiten.

Das **Telex**-Netz, auch bekannt als Fernschreibnetz, spielt heutzutage nicht mehr die gewichtige Rolle bei der Datenübermittlung. Dennoch ist das Fernschreiben weltweit verbreitet. Die Transferrate beträgt konstant 50 bit/s, das sind im dort verwendeten 5-Bit-Code so ungefähr 400 Zeichen pro Minute.

Alle drei Netzarten dienen vorrangig der Datenübermittlung. Die Datenfernübertragung spielt schon seit Jahrzehnten eine Rolle. Zwischen Texten und Daten wird inzwischen nicht mehr unterschieden, da beides transferiert werden muß. Man kann feststellen, daß Daten in erster Linie formatiert sind und Texte unformatiert.

3.3   Funknetze

Diese Netze sind allgemein unter den Kürzeln B-, C-, D1- und D2 und neuerdings auch E-Netzen bekannt. Das B-Mobilfunknetz hat keine Bedeutung mehr, das A-Netz als Urvater aller Funknetze wird erst gar nicht erwähnt. Anmerkung: hier ist nicht die Rede von Amateurfunk, CB-Funk oder den verschiedenen Industriefunkfrequenzen, bei diesem Thema geht es genauso um „echtes" Telefonieren. Da die portable Telefonie bereits eine ansehnliche Verbreitung gefunden hat, wird sie immer mehr nicht nur bei der Sprachkommunikation benutzt; die Verwendung der drahtlosen Telefonverbindungen eröffnet auch neue Möglichkeiten der mobilen Datenerfassung und Datenübertragung. Die Funknetze im einzelnen:

- **A-Netz**: Handvermittlung, 156 - 174 MHz;

- **B-Netz**: wie A-Netz, jedoch Selbstwählverbindungen, 150 - MHz-Bereich;

- **C-Netz**: zellulares Netz, Analognetz mit digitaler Steuerung, 450 - MHz-Bereich; Zugangskennziffer: 0161;

- **D-Netz**: GSM-Netz (Global System Mobile), Euro-Standard, volldigital, 900-MHz-Bereich; zwei konkurrierende Netze: D1 = Telekom, D2 = Mannesmann Mobilfunk, 900 MHz-Frequenzbereich;

- **E-Netz**: PCN (Personal Communication Network), im Aufbau befindlich, für den Einsatz über ISDN vorgesehen (=> MODACOM).

Zum C-Netz bleibt anzumerken, daß die Datenkommunikation über das Datex-P stattfindet.

Natürlich gibt es einige weitere Netze wie Rundfunk, Fernsehen, diverse Funkdienste und Satellitenverbindungen. Deren Möglichkeiten und Dienste gehören jedoch nicht (oder noch nicht?) zum Thema LAN-ISDN.

Die Services im Fernmeldenetz

Das Vorhandensein des Fernmeldenetzes stellt natürlich die zunächst wichtigste Voraussetzung für die Telekommunikation dar. Die technische und bauliche Seite sowie der logisch-organisatorische Teil bilden die Grundlagen aller Netzwerke. Das öffentliche Fernsprechnetz kann von der Nutzerseite her betrachtet als „Rückgrat" oder als zentrales Medium angesehen werden, daher auch der Begriff „Backbone". Um nun das Netz vernünftig nutzen zu können, haben sich im Laufe der Zeit eine Reihe von Diensten etabliert. Für diese Netzdienste zeichnet vorwiegend oder ganz die DBP Telekom verantwortlich. Die Installation, der Unterhalt und die permanente Weiterentwicklung sowohl marktbezogen als auch technologisch bedeuten einen immensen Aufwand. Deshalb kann die Inanspruchnahme der Netzservices selbstverständlich nicht kostenlos erfolgen, und darum werden die Gebühren und Kosten in einem separaten Unterkapitel wenigstens kurz gestreift.

Die Dienste funktionieren seither auch ohne ISDN. Eine gewisser Integrationsgrad über das ISDN wird jedoch unausweichlich sein und zu bestimmten Umorganisationen oder sogar Wegfall führen. Andererseits werden manche Services erst unter Einbezug des ISDN richtig interessant. Die wichtigsten Dienstangebote nun im einzelnen.

4.1 Datex-P

Die CCITT-Empfehlungen X.25 bilden die Basis für paketorientierte Übertragungsformen, deshalb wird Datex-P auch als X.25-Netz bezeichnet. Die Vermittlungsstellen der DBP Telekom im Datex-P-Netz (DVSt-P) verarbeiten die zu transferierenden Daten zu Paketen mit standardisiertem Aufbau. Dabei können die Transferraten von Teilnehmer „A" zur nächsten DVSt-P-Stelle durchaus zu denen von der des Teilnehmers „B" zu dessen nächster DVSt-P-Vermittlungsstelle variieren. Innerhalb des Datex-P-Netzes hat der Endteilnehmer keinen Einfluß. Die Länge eines Datenpaketes beträgt maximal 128 Bytes oder Oktett. Die Datenpakete erhalten ähnlich wie „richtige" Pakete Absender und Empfängerangaben. Die paketierten Informationen können nun jeweils unterschiedliche Wege durch das Netz nehmen, wichtig ist nur, daß die Reihenfolge und die Vollständigkeit gewährleistet wird. Die Pakete kommen also beim Empfänger genau in derselben Reihenfolge wie bei der Absendung an.

Die Leitungswege werden dabei nur solange belegt, wie auch tatsächlich Daten unterwegs sind. Miteinander kommunizierende Endstellen müssen also nicht permanent miteinander verbunden sein, es werden virtuelle Verbindungen hergestellt. Es gibt keine feste physikalische Zuordnung. Der normale Datenverkehr erfolgt dabei natürlich über vorhergesehene „Hauptstrecken". Bei Überlastung derselben werden „Umleitungen" geschaltet.

Der Zugang zum Datex-P muß gesondert beantragt werden. Dabei fallen die paketorientiert arbeitenden Datenendeinrichtungen (DEE) unter die Bezeichnung Datex-P10. Nichtpaketorientierte DEE's müssen mit Hilfe von PAD's (=Packet Assembler and Disassembler) die Netzzugänge ermöglichen, diese Art Nutzung fällt unter die Gruppierung Datex-P20. Es gibt noch weitere „Spezialarten", die hier nicht so sehr ins Gewicht fallen.

Es gibt dabei feste virtuelle Verbindungen (FVV) und gewählte virtuelle Verbindungen (GVV). Die Übertragungsgeschwindigkeiten sind gestaffelt: 2400, 4800, 9600 und 48000 bit/s. Für künftige optimale Nutzung im ISDN sind 64 Kbit/s bereits in der Realisation. Bis zu 255 Kanäle sind an einem einzigen Anschluß schaltbar.

Die Gebühren fallen je nach Übertragungsleistung und nach tatsächlicher Datenmenge unterschiedlich aus. Datex-P spielt bei der Datenübertragung auch von Hostrechnern zu entfernten Systemen eine wichtige Rolle.

4.2   Datex-L

Im Gegensatz zu Datex-P arbeitet das Datex-L leitungsorientiert. Das bedeutet, daß während der gesamten Verbindung zwischen zwei Kommunikationspartnern ein Leitungsweg fest geschaltet wird. Die Endeinrichtungen beider Teilnehmer müssen jedoch dieselbe Übertragungsgeschwindigkeit aufweisen. Deshalb sind die Datex-L-Teilnehmer in Leistungsklassen eingeteilt:

- 1 = 300 bit/s,
- 4 = 2400 bit/s,

- 5 = 4800 bit/s,

- 6 = 9600 bit/s und,

- 30 = 64 Kbit/s.

Der Verbindungsaufbau wird ausschließlich seitens der privaten DEE initiiert. Die Grundgebühren richten sich nach der Leistungsklasse und fallen natürlich recht unterschiedlich aus. Auch hierbei sind „normale Wege" und „Umleitungen" vorgesehen und möglich. Bleibt noch der Hinweis, daß der Verbindungsaufbau im Datex-L sehr schnell vonstatten geht, bis zu max. einer Sekunde.

Auch Datex-L wird für die Datenübertragung eingesetzt. Datex heißt ja auch nichts anderes als **Dat**a **Ex**change, also Datenaustausch.

4.3   Datex-J

Besser bekannt ist dieser Begriff bis heute unter dem Namen Bildschirmtext oder Btx. Hier handelt es sich um einen TK-Mehrwertdienst. Dieser Dienst wurde von der Bundespost vor längerer Zeit bereits eingeführt, mit dem Ziel der weiten Verbreitung.

Daher auch der Name Datex-J (J für Jedermann). Mit diesem Dienst können, vereinfacht ausgedrückt, Texte und Grafiken in elektronisch gespeicherter Form abgerufen werden. Der Bildschirmtext kann als ein universelles Daten- und Textkommunikationsnetz angesehen werden.

Dabei gibt es öffentliche und private Anbieter, welche seitenweise ihre Informationen anbieten. Man kann die Anwendungsmöglichkeiten in drei Hauptgruppen einteilen:

1.   Informationsangebot für viele,

2.   Angebote für einzelne und

3.   den externen Rechnerdialog.

Als Beispiele für öffentliche Anbieter dienen die Telefonauskunft, der Wetterdienst und andere. Private Anbieter können ihre gesamte Angebotspalette über den Btx offerieren. Sodann gibt es die Fahrplanauskunft der Deutschen Bundesbahn, den Börsenbericht und Nachrichtendienste.

Btx oder Datex-J kann sowohl passiv als auch aktiv genutzt werden. Passiv bedeutet dabei die reine Auskunft und aktiv der

Dialog. Ein Btx-Teilnehmer kann beispielsweise seine gesamten Bankaktivitäten per Bildschirm mit seiner Bank abwickeln.

Bild 4-1:
Btx-Prinzip

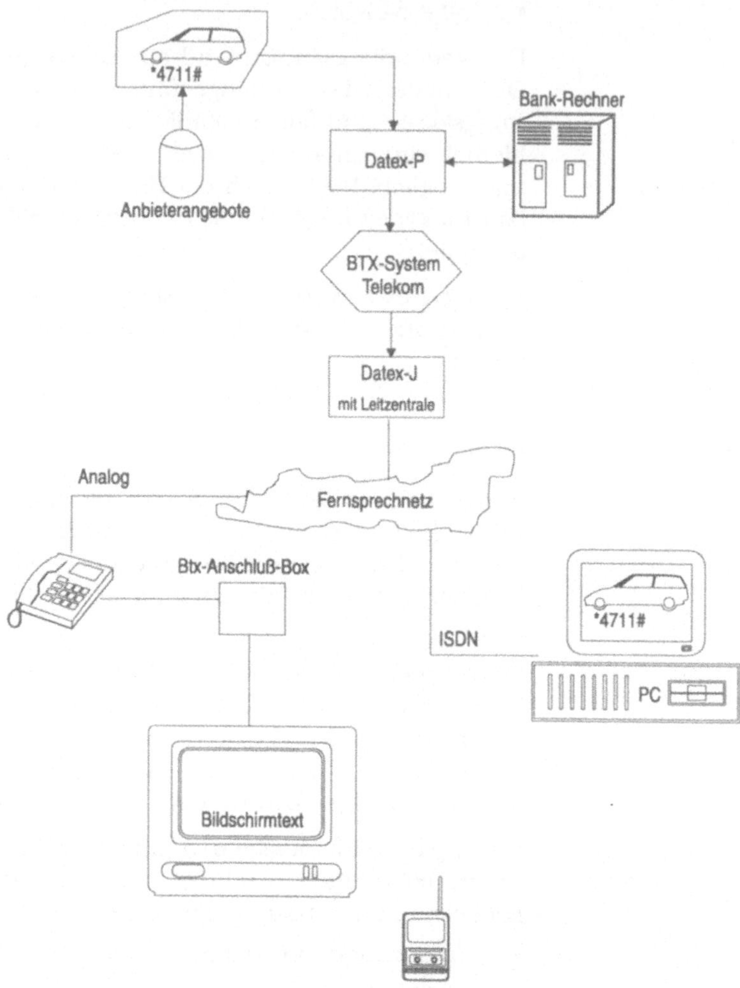

Die Voraussetzungen seitens des Endteilnehmers sind ein Telefonanschluß, ein Fernsehgerät mit Btx-Decoder (Modem) und ggf. eine Alpha-Tastatur. Der Fernseher wird dabei gewissermaßen zum Bildschirmterminal umfunktioniert. Der Btx-Anschluß muß bei der DBP Telekom gesondert beantragt werden. Daß der PC dank seiner Speichermöglichkeiten und mit Hilfe spezieller Btx-Software den Datex-J-Dienst attraktiver werden läßt, muß eigentlich nicht besonders erwähnt werden.

Datex-J im Analognetz ist Realität, jedoch extrem langsam bei der Verbindungsherstellung und beim Bildschirmseitenaufbau. Das ist jedoch im Digitalnetz deutlich verbessert worden. Der Aufruf zu einem bestimmten Datex-J-Service erfolgt genormt über die Tastenkombination: '* xxxxx #', wobei xxxxx für die jeweilige Angebotsidentifikation steht.

Bei zunehmender Akzeptanz und Netzwerkleistungsfähigkeit werden die Kommunikationsmöglichkeiten für die Allgemeinheit sowie die Informationsangebote weiterhin anwachsen. Viele Firmen nutzen Btx nicht nur zur gezielten Werbung, sondern ermöglichen dem Anwender die direkte „Online"-Bestellmöglichkeit.

4.4 Telefondienste und Serviceangebote im Fernsprechbereich

Die Fernsprechdienste der DBP Telekom, bezogen auf den reinen Telefondienst, sind ebenfalls vielfältig. Sie sind generell bundeseinheitlich von jedem Fernsprechteilnehmer aus zu erreichen und haben weitgehend einheitliche Rufnummern. Sie sind also ortsnetzunabhängig und benötigen deshalb keine Vorwahlnummer. Jeder hat schon mehrfach den einen oder anderen Dienst in Anspruch genommen. Diese Services spielen auch weiterhin eine wichtige Rolle im Rahmen der allgemeinen Kommunikationsanforderungen.

Zuerst wären die beiden Nummern **110** und **112** zu nennen. Erstere wird als allgemeiner Notruf bezeichnet und bildet den direkten Draht zur Polizei, während die zweite Nummer die Verbindung zu den Feuerwehrleitstellen darstellt. Beide Nummern sind im übrigen kostenfrei, was bei Münztelefonen lebensnotwendig sein kann.

Die Nummern **01188** und **00118** sind die Telefonauskunftsstellen national und international. Sie geben über die Anschlußverhältnisse der Teilnehmer und deren amtliche Rufnummern Auskünfte.

Hinter der Nummer **01141** verbirgt sich ein allgemeiner Auftragsdienst wie z.B. Weckdienst, Abwesenheitsaufträge und Benachrichtigungsweiterleitungen. Dann gibt es den Direktruf zu den Fernämtern mit **010** (national) und **0010** (international). Damit können „von Hand" Verbindungen hergestellt werden, welche ggf. im normalen Selbstwählverkehr nicht möglich sind.

Weitere Dienste sind die Vermittlung von Funkferngesprächen von und zu Schiffen, und zwar weltweit: der **Seefunk**. Dann gibt es die telefonische **Telegramm**aufnahme und die **Cityruf**dienste in verschiedenen Ausprägungen. Ein ganz notwendiger Dienst ist der **Störungsdienst**, der je nach Geräteart oder Dienstegruppe jeweils eigene Rufnummern hat (Telefon, Btx, Fernschreiber, Datendienst, Fax, Kabelanschluß, Ton- und Fernsehfunk).

Als reine Auskunfts- oder Informationsabfragedienste müssen noch die mannigfaltigen **Ansagedienste** genannt werden. Sie unterscheiden sich in permanent vorhandene und sporadisch vorhandene Dienste. Beispiele sind Uhrzeitansage, Wetterdienste, Straßenzustandsberichte, Verkehrsdurchsagen, Toto/Lotto, Nachrichtendienste aller Art. Deren Nummern findet man in jedem amtlichen Fernsprechbuch in den vorderen Seiten.

Sodann noch eine Gruppe der sogenannten intelligenten Netze, deren Dienste sich ständig erweitern. Hier handelt es sich um einheitliche Kurzrufnummern mit unterschiedlichen Zielgruppen und Hintergründen. Es sind die Nummern **0130**, **0180** und **0190** oder Nummern, die mit diesen vier Ziffernfolgen beginnen.

0130: Unter dieser Nummer können viele Firmen und Institutionen angerufen werden, und zwar bundeseinheitlich, kostenfrei und firmensitzunabhängig. Diesen Service bieten die Firmen vor allem zum Zwecke der Vermarktung ihrer Produkte oder Dienstleistungen gebührenfrei als Anreiz für den Anrufer an. Solche Anrufe sind also standortunabhängig und werden global entgegengenommen.

0180: diese Gruppe hat in etwa dieselben Ziele wie die unter 0130, mit dem Unterschied, daß sich Anrufer und Angerufener die Kosten teilen.

0190: Anbieter unter dieser Gruppe bieten unterschiedliche Dienste an. Die Anbieter teilen sich gewissermaßen die Kosten und den Verdienst mit der Telekom.

4.5   Telefax

Der Telefax- oder auch Fernkopierdienst bildet eine Erweiterung des gewöhnlichen Telefondienstes. Der Faxdienst ist simpel gesprochen eine Kombination von Telefon und Kopiergerät. Jedes kopierfähige Stück Papier, ob Text, Grafik oder Fotografie, kann über das Fernsprechnetz zum Empfänger hin „kopiert" werden. Dabei werden die Schwarz-Weiß-Unterschiede fotoelektrisch in

Rasterpunkte zerlegt und in elektrischen Signalen übermittelt. Dabei entstehen unterschiedliche „Graustufen".

Die Gebühren sind dieselben wie beim Telefon, es wird ja auch genau dieselbe Leitung bzw. Technik genutzt. Notwendig sind auf beiden Seiten je ein Faxgerät. Man kann über denselben Anschluß faxen und telefonieren, nur natürlich nicht gleichzeitig. Es gibt Geräte, welche die Telefon- und die Fax-Funktionen in einem Gehäuse untergebracht haben. Die Erkennung, ob ein Fax „ankommt" oder ein Gespräch, erfolgt automatisch. Hinweis: Ob eine Leitung momentan mit einer Faxübertragung belegt ist, erkennt der Anrufer an einem langanhaltenden, hohen Pfeifton. Zwei relevante Gruppen sind dabei zu unterscheiden:

- die Gruppe 3 als noch vorwiegend benutzte Analoggeräte und die

- Gruppe 4 als digitalgesteuerte (ISDN-)Geräte.

Abgesehen von Qualitätsunterschieden zwischen den Gruppen gibt es auch große Differenzen bei der Übertragungszeit: Bei der Gruppe 3 kann ein DIN-A4-Blatt runde 45 Sekunden dauern und bei der 4. Gruppe nurmehr noch ca. 5-10 Sek. Der Preisunterschied ist auch groß: Geräte der Gruppe 3 bekommt man unter 1000 DM, während Digitalgeräte zwischen 5000 DM und 7000 DM kosten. Hinweis: mit Hilfe eines PC ist kein separates Faxgerät mehr nötig, die „Faxe" können direkt in den Speicher eingestellt und auch von dort aus abgesendet werden.

4.6   Telex

Das Telexnetz (**tel**eprinter **ex**change), auch als Fernschreibdienst geläufig, nimmt als das dienstälteste Netzwerk neben dem reinen Telefonnetz unter den Datenübermittlungsnetzen eine gewisse Sonderstellung ein. Über das Telex sind über 200 Länder direkt erreichbar. Diesen Dienst gibt es bereits seit 1933. Im Grunde handelt es bei einem Telex-Endgerät um eine Schreibmaschine mit einer Kommunikationserweiterung. Während der Absender auf seiner „Schreibmaschine" schreibt (i.d.R. auf Endlospapier), wird derselbe Text gleichzeitig bei dem entfernt aufgestellten Empfänger „mitgeschrieben". Nach Beendigung des Sendeschreibens gibt der Absender eine bestimmte Kennung durch und schaltet nun seinerseits das Gerät auf Empfang. Das Verfahren ist also halbduplex.

Die Transfergeschwindigkeit beträgt, international festgelegt, exakt 50 bit/s. Das heißt umgerechnet auf voll gefüllte Schreibmaschinenzeilen: etwa 5 Zeilen in der Minute. Deshalb wird diese Art der Textkommunikation selten über größere Dokumente ablaufen, sondern eher über kurze Mitteilungen, gewissermaßen im „Telegrammstil". Hiermit können auch nur Texte und keine grafischen Darstellungen gesendet und empfangen werden.

Das ganze funktioniert auf dem 5-Bit-Code. Früher hatte man während des Schreibens einen Lochstreifen, eben mit diesem Code, gleichzeitig erstellt und dabei das Gerät auf „offline" geschaltet. Das hatte zwei Vorteile: erstens wurden auf diese Art nicht alle Tippfehler direkt übermittelt, und zweitens war durch das „online"-Einlesen des Streifens das Übertragungstempo konstant zu halten.

Die Nutzung des Telexdienstes erfolgt nahezu ausschließlich für kommerzielle Zwecke. Dabei hat ein mit Telex geschriebener Text Dokumentations-Charakter und ist rechtsverbindlich. Absender und Empfänger sowie Datum und Uhrzeit werden gewissermaßen „dazugeneriert" und mitgesendet und gedruckt.

Im übrigen gibt es bei Telex international gebräuchliche Abkürzungen, ähnlich wie im professionellen Funkbetrieb. Telex hat auch einige Anschlußmöglichkeiten zu anderen Diensten wie Telefax, Teletex, Btx, Telebox400. Es arbeitet über ein eigenes Netz, benutzt allerdings Teile des Datex-L-Netzdienstes.

4.7   Teletex

Unter Teletex versteht man im Prinzip das Telex, erweitert um Dokumentenformat-Funktionen. Man kann also hiermit die Schriftstücke dokumentengetreu übermitteln.

Teletex gehört in die Gruppe der IDN-Services und arbeitet über Datex-L mit einer Übertragungsgeschwindigkeit von 2400 bit/s. Teletex wird mittlerweile nicht mehr angeboten und wurde zum einen durch die Fax-Verbreitung und zum anderen durch die PC-gesteuerten Textverarbeitungen überholt. Allerdings gibt es in der BRD noch heute über 20.000 Anschlüsse.

4.8   Temex

Telemetry **Ex**change bedeutet Fernwirkung mittels Informationen. Der Temexdienst benutzt eigene Anschlüsse und ist nur für einen eingeschränkten Benutzerkreis interessant. Mit Temex können beispielweise sich kontinuierlich verändernde Daten wie Temperatur, Flüssigkeitsmengen etc. abgefragt werden. Dazu müssen geeignete Meßstationen die notwendigen Daten liefern können. Je nach Über- oder Unterschreiten von gewissen Toleranzwerten kann dann im Gegenzug steuernd eingegriffen werden, und zwar automatisch. Dieses Thema gehört von der Sache her zu den Prozeß-Steuerungs-Techniken. Das ist bei entfernt aufgestellten Tankanlagen oder chemischen Lagerplätzen zwecks permanenter Kontrolle und Eingriffmöglichkeit über das Fernsprechnetz ein besonderer Service.

4.9 Private Netze

Neben den Diensteangeboten der DBP Telekom gibt es im Zuge der „Liberalisierung" und auch der internationalen Verflechtungen eine wachsende Zahl an privaten Netzdiensteanbietern. Diese wollen und können ihre Dienste logischerweise nicht kostenlos liefern. Daher ist bei einigen Anbietern eine Art „Mitgliedschaft" Voraussetzung für den Anschluß und die Informationsverwertung. Die verbreitetsten sind in unserem Raum das INTERNET und COMPUSERVE. Der Zugang zu diesen Diensten wird vorwiegend softwaregesteuert und nutzt das öffentliche Netz. Zu diesen und anderen Privatnetzen werden in den Kapiteln 6, 7 und 8 noch einige nützliche Angaben und Hinweise geliefert.

4.10 Modacom

Mobile **Da**ta **Com**munication stellt ein Datenfunknetz unter Einbezug des Datex-P-Netzes dar. Dieses Netz wird derzeit aufgebaut und realisiert. Als Dateneingabestationen fungieren die Laptops mit MODACOM-Karten sowie zu einem späteren Zeitpunkt in verstärktem Maße die tragbaren Telefongeräte. Sie müssen dann allerdings modifiziert werden und mindestens die Möglichkeit von Texteingaben besitzen. Als wesentlicher Unterschied zu den C- und D-Netzdiensten werden im MODACOM angeschlossene Geräte permanent dienstbereit sein. Dieses Funknetz bietet die Möglichkeit der mobilen Datenerfassung, im Ausbaustadium also von jedem x-beliebigen Standpunkt aus. Dabei wird das Erfassungsgerät mittels Funkmodem direkte Verbindungen zu Datenbank-Servern erhalten. Der Kommunikationsweg funktioniert bidirektional, am Laptop können also auch Daten aus der Datenbank abgerufen werden. In diesem Netz wird die Datensicherheit und der Datenschutz ein besondere Rolle spielen.

Eines kann man jedenfalls bereits jetzt schon festhalten: wenn sich das System bewährt, gibt es für viele Applikationen und Organisationen völlig neue Aspekte bei der Datenkommunikation.

4.11 Kosten und Gebühren

Zu den wichtigsten Diensten, welche auch über ISDN in Anspruch genommen werden, sollen noch einige Daten zu den Gebühren und laufenden Kosten aufgeführt und erläutert werden.

Grundsätzlich basiert jegliches Zahlenmaterial auf den neuesten Unterlagen der DBP Telekom. Auf diese Gebühren hat der Endverbraucher wenig Einfluß. Dennoch hat man durchaus einige Möglichkeiten, Kosten zu sparen. Es muß jedoch unbedingt darauf hingewiesen werden, daß sich die Gebührenpolitik ohne weiteres noch an die Marktgegebenheiten und andere Faktoren anpassen wird. Die Beispielberechnungen sollten also lediglich als „Rahmen" mit variablem Inhalt betrachtet werden.

Kriterien für Telefongebühren und Tarife

Die **Telefongebühren** und die Tarife dazu sind im Prinzip von drei Kriterien abhängig:

1. von der Tageszeit und dem Tages-„Typ",

2. von der Gesprächsdauer und

3. von der Entfernung.

Zu 1: Unterschieden wird zwischen Werktagen, Wochenende, Abend- bzw. Nachtzeit sowie Sonn- und Feiertagen; abhängig davon wird der Gebührenzähler unterschiedlich getaktet.

Zu 2: Die Zeitdauer einer Verbindung in Sekunden oder Minuten; das Maß ist hierbei die Zeiteinheit.

Zu 3: Die Entfernungen werden in vier Gruppen eingeteilt: die Ortszone, die Nahzone, die Fernzone sowie Auslandsverbindungen (auch diese wiederum gestaffelt).

In der Bundesrepublik werden drei Tarifzonen unterschieden:

- die Tarifzone 1; sie umfaßt alle Ortsnetzverbindungen ohne Vorwahlnummer, wobei die Reichweite etwa 50 km beträgt.

- die Tarifzone 2 deckt alle Ortsnetze im Umkreis von rund 50 bis 100 km ab,

- die Tarifzone 3 betrifft alle Fernverbindungen über rund 100 km.

Die Zeiteinheit oder Tarifeinheit kostet derzeit DM 0,23 für das normale Telefongespräch. Als Ausnahmeregelung gilt der Münzautomat mit DM 0,30 und das Kartentelefon mit DM 0,25. Die Zeiteinheit ist abhängig von der Tageszeit sowie von der Art des Tages. Damit sind Werktage und Sonn- und Feiertage gemeint. An letzteren sowie in den Abend- und Nachtstunden und an Wochenenden gilt der um 50 % ermäßigte „Billig"-Tarif. Von Montag bis Freitag gilt der Normaltarif während der Uhrzeit von 8:00 Uhr bis 18:00, ansonsten der Billigtarif.

Bild 4-2:
Tarifzonen und Verbindungsdauer in Sekunden

Zone 1		Zone 2		Zone 3	
N	B	N	B	N	B
360	720	60	120	21	42

Die tatsächlichen Kosten entstehen also durch die Verbindungsdauer, darüber hinaus abhängig von der jeweiligen Entfernung und der Tageszeit. Mit Hilfe der folgenden Tabelle sind die effektiven (Verbrauchs-)Kosten leichter zu ermitteln. Die monatlichen Grundgebühren sowie die einmaligen Bereitstellungskosten sind hier natürlich nicht berücksichtigt, da sie unter anderem von der Art des Anschlusses und Zusatzeinrichtungen abhängig sind.

Bild 4-3:
Verbindungsdauer und Tarife nach Zonen

Minuten	Zone 1		Zone 2		Zone 3	
	N	B	N	B	N	B
1	0,23	0,23	0,23	0,23	0,69	0,46
2			0,46		1,38	0,69
3			0,69	0,46	2,07	1,15
4			0,92		2,76	1,38
5			1,15	0,69	3,45	1,64
6			1,38		4,14	2,07
7	0,46		1,61	0,92	4,60	2,30
8			1,84		5,29	2,76
9			2,07	1,15	5,98	2,99
10			2,30		6,67	3,45
11			2,53	1,38	7,36	3,91
12			2,76		8,05	4,14

Bild 4-4:
Mobilfunk-
Anschlüsse

Normal in Sek.		Billig in Sek.
C-Netz	10,60	23,00
D1-Netz	10,54	26,30
D2-Netz	10,45	26,33

Die Telefondienste unter den Nummern 0130, 0180x und 0190 sowie die Beträge für den Mobilfunkeinsatz entnehmen Sie der folgenden Tabelle:

Bild 4-5:
Mobilfunkgebühren
und Sonderservice-
nummern in DM

Vorwahl	N (1 Min.)	N (3 Min.)	B (1 Min.)	B (3 Min.)
0130	0,00	0,00	0,00	0,00
0137	0,69	2,07	0,46	1,15
0138	0,69	2,07	0,46	1,15
01802	0,23	0,23	0,23	0,23
01803	0,23	0,69	0,23	0,69
01805	0,69	2,07	0,69	2,07
0190	1,15	3,45	1,15	3,45
0161 (C)	1,38	3,91	0,69	1,84
0171 (D1)	1,38	4,14	0,69	1,61
0172 (D2)	1,38	4,14	0,69	1,61
0177 (E1)	1,38	4,14	0,69	1,61

Hinweis: bei den Nummer beginnend mit 0180x übernimmt der angerufene Teilnehmer die restlichen Gebühren.

Die monatlichen Grundgebühren für ein Analogtelefon betragen derzeit DM 24,60 per Monat. Dazu kommen die einmaligen Anschlußgebühren von DM 65,--.

Die Kostenberechnungen für **Datex-P** gestalten sich etwas komplizierter: Man muß zwischen 5 Kostenarten differenzieren:

1. die einmalige Anschlußgebühr,

2. die monatlichen Grundgebühren (gestaffelt nach Übertragungsleistung),

3. die Verbindungsdauer,

4. die tatsächlichen Datenmengen-Gebühren und

5. die Verbindungszusatzgebühren.

Die Gebührenarten 3-5 sind verbrauchsabhängig und somit variable Kosten, während die anderen als Fixkosten anzusehen sind.

Zu 1: Die Erstanschluß- oder auch Bereitstellungsgebühr beträgt DM 690,--.

Zu 2: Die Grundgebühren nach Transferleistung in bit/s:

Bild 4-6:
Datex-P-
Grundgebühren

Leistung in bit/s	DM / Monat
300 - 2.400	276,--
4.800	437,--
9.600	540,50
19.200	667,--
48.000	2.875,--
64.000	1.725,--

Höhere Geschwindigkeiten werden individuell berechnet und haben entsprechende Verträge zur Grundlage.

Zu 3: Jede angefangene Minute kostet DM 0,0115 für die Verbindung.

Zu 4: Die datenmengenabhängigen Kosten sind wiederum gestaffelt:

Bild 4-7:
Datex-P-
Volumengebühren

Datenmenge in Mio. Byte (=MByte)	KByte-Kosten in Pfennigen
bis 3	8,5560
3 - 10	6,4400
10 - 30	4,4160
30 - 100	3,2200
100 - 300	2,4265
300 - 1000	1,9665
1000 - 10000	1,6215
über 10000	1,2190

Zu 5: Die Verbindungszusatzgebühren betragen für jede bereitgestellte Wählverbindung DM 0,0575.

Beispiel für die Berechnung der verbrauchsabhängigen Kosten:
Folgende Fakten seien angenommen:

- vorhandene Verbindungsleistung von 9.600 bit/s und eine Datei von der Größe 100 KByte:

- 100 KByte sind genau 102.400 Byte oder 819.200 bit;

- 819200 : 9600 = ca. 85 Sekunden Übertragungsdauer;

```
zu 3:     2 x 0,0115 DM          = 0,0230 DM
zu 4:     8,5560 x 103           = 8,8127 DM
zu 5:                            = 0,0575 DM
------------------------------------------------
Summe                            = 8,8932 DM
================================================
```

Das Übertragen der Datei kostet also rund 8,90 DM, und zwar unabhängig von der zu überbrückenden Entfernung.

Bei **Datex-L** gelten ähnliche Bedingungen, hierbei spielt jedoch die Entfernung eine Rolle:

1. einmalige Anschlußkosten,

2. die Grundgebühr pro Monat (auch gestaffelt nach Ü-Leistung),

3. entfernungsabhängige Kosten und

4. Gebühren pro Anzahl bereitgestellter Verbindungen.

Zu 1: DM 632,50;

Zu 2: Siehe folgende Tabelle:

Bild 4-8:
Datex-L-
Monatsgebühren

Ü-Leistung in bit/s	DM
00.300	0.138,--
02.400 (Grundpreis 1)	0.253,--
02.400 (Grundpreis 2)	0.207,--
04.800 (GP 1)	0.356,50
04.800 (GP 2)	0.310,50
09.600 (GP 1)	0.586,50
09.600 (GP 2)	0.540,50
48.000	2.300,--
64.000	1.150,--

GP 1 und GP 2 bieten bei den Geschwindigkeiten 2.400, 4.800 und 9.600 bit/s unterschiedliche Bereitstellungskosten, siehe Punkt 4.

Zu 3: Hier gelten wiederum die drei Tarifzonen, jedoch abhängig von der Transfergeschwindigkeit:

Bild 4-9:
Datex-L-
Verbindungstarife

bit/s	Zone	Betrag in DM
300	1	0,009200
	2	0,013225
	3	0,015640
2400	1	0,011155
	2	0,161000
	3	0,018975
4800	1	0,018630
	2	0,026910
	3	0,031740
9600	1	0,031740
	2	0,045655
	3	0,053935

Bei Übertragungsleistungen von 64000 bit/s: DM 0,23 pro Zeiteinheit, Tarifzeit bei Zone 1 = 8 Sekunden, Zone 2 = 6 Sekunden und Zone 3 = 4 Sekunden.

Zu 4: Bereitstellungskosten bei GP 1 = 0,0345 DM und bei GP 2 = 0,4600 DM (bei 2400, 4800 und 9600 bit/s.). Bei den anderen Geschwindigkeiten gelten folgende Werte:

00.300 bit/s = 0,0575

48.000 bit/s = 0,0575

64.000 bit/s = 0,2300.

Beispielberechnungen finden sich in Kapitel 5 beim Vergleich von Datex-P, Datex-L und ISDN. Hier noch ein Hinweis: Der höhere Grundpreis 1 wird sich ab ca. 110 monatlichen Verbindungen lohnen, da dann die niedrigere Bereitstellungsgebühr zum Tragen kommt.

Datex-J = Btx: Hierbei sind die Kosten und Gebühren in Bewegung geraten, deshalb sollen nur die wichtigsten, aktuellen Gebühren aufgelistet werden.

Einmaliger Anschluß   DM 50,--,

monatliche Zugangsgebühr   DM 8,--,

Zugangsbenutzung Normaltarif   DM 0,06, (pro Minute),

Zugangsbenutzung Billigtarif   DM 0,02, (pro Minute).

Hinzu kommen Kosten für Bildschirmseiten-Speicherung, wobei man zwischen regional und überregional unterscheidet. Kosten zu den anderen Diensten (Datex-J-Rechner, Datex-P usw. sind teilweise von individuellen Faktoren abhängig).

Zu den Gebührenberechnungen noch einmal ein paar Tips:

- aktuelle Preislisten anfordern,

- individuelle Beratung (kostenlos) bei den zuständigen Telekomstellen und

- Musterberechnungen mit Praktikern durchführen.

Zu den Telekom-Kosten kommen bekanntlich noch andere (Personalkosten, Verbrauchsmaterialien, Energiekosten u.a.).

ISDN-Grundlagen

Ist so etwas denn nützlich? Die Abkürzung ISDN steht für „Integrated Services Digital Network" und bedeutet „Dienstintegrierendes digitales Netzwerk. Was man nun letztendlich darunter zu verstehen hat und welchen praktischen Nutzwert das Ganze bietet, wird in den Grundzügen in diesem Kapitel untersucht.

5.1 Was ist ISDN?

Die Basisidee für die Entwicklung und Einführung von ISDN war, vereinfacht ausgedrückt, das vorhandene analoge Telefonnetz zusätzlich für den Transfer von Daten und Texten zu öffnen. Darüber hinaus sollte das Medium „Netz" auch noch als Transportmechanismus für das Übertragen von Bildern und Video eingesetzt werden können. Kurz, man wollte ein universelles Netzwerk produzieren, welches imstande ist, die recht unterschiedlichen Informationsträger wie

Universalnetz

- Sprache,
- Daten,
- Texte,
- Grafik,
- Fotografie,
- Standbild und
- Bewegtbild

zu senden und zu empfangen. Eine der Grundvoraussetzungen war, diese verschiedenen Übertragungs- und Darstellungsformen auf einen gemeinsamen Nenner zu bringen und damit zu vereinheitlichen. Genau das wurde mit dem Zerlegen all dieser Informationsformen in die digitale „Codierung" erreicht. Zugleich sollten die vorhandene Infrastruktur des Telefnnetzes und deren bereits bewährte Dienste weiterhin genutzt werden können. Die DBP als Eigentümerin und Betreiberin des Telefonnetzes war schon seit 1979 dabei, ihre Vermittlungsstellen und die Übertragungstechnik auf digital umzustellen. 1980 wurden von der CCITT international gültige Normen und Empfehlungen erarbeitet, welche als allgemein akzeptierte Rahmenbedingungen für die Entwicklung und Realisierung des heutigen ISDN anzusehen sind. Deren wesentliche Grundzüge sind in den folgenden Maximen enthalten:

1. Eine einheitliche standardisierte Transferrate von 64 Kbit/s.

2. Standardisierte Schnittstellen zu den vorhandenen Netzen und zu den Teilnehmern.

3. Eine einheitliche Kommunikationssteckdose für alle teilnehmenden Endgeräte.

4. Eine einheitliche Rufnummernbasis für sämtliche angebotenen Dienste.

Das ISDN ist bereits seit 1989 in Betrieb. Damals waren die wichtigsten Großstädte und Ballungszentren an die ISDN-Dienste angeschlossen. Zuvor wurde ein nicht öffentliches Pilotprojekt installiert, welches der Erfahrungssammlung diente. Mittlerweile hat das ISDN-Angebot zumindest in Deutschland den fast 100-prozentig flächendeckenden Stand erreicht. Die Vermittlungsstellen der DBP Telekom sind auf Digitalbetrieb umgebaut worden. Zwei wesentliche Aspekte haben sich von Anfang an herauskristallisiert:

- Die Übertragungsqualität ist deutlich verbessert worden.

- Die Leistungsfähigkeit in quantitativer Hinsicht hat zugenommen.

Nun ist ISDN keinesfalls eine deutsche Entwicklung. Es sind weltweit Bestrebungen im Gange, das ISDN und später das Breitband-ISDN international zu koordinieren und damit zu standardisieren. Allerdings ist die DBP Telekom „an vorderster Front" mit beteiligt. Wenn man nun die vier Buchstaben zerlegt und einzeln analysiert, kann man einige einfache, aber wichtige Tatsachen festhalten.

I=Integriert: die Integration ist in zweifacher Hinsicht zu interpretieren: zum einen das Benutzen einer einzigen Anschlußleitung zum Übertragen der unterschiedlichen Informationstypen, und zum anderen die Nutzung der vorhanden Dienste über eben diesen Anschluß. Ein weiterer „Nebeneffekt" wird mit der Integration angestrebt, und zwar die Tarifvereinheitlichung. Die Nutzung mehrerer Dienste zur selben Zeit führt bislang zu relativ komplizierten Kosten- und Gebührenabrechnungen.

S=Services: die längst etablierten Dienste des IDN und des Telefons sind über ISDN nutzbar. Hinzu werden neue Formen der

I/S/D/N

Kommunikation kommen, wie das Bildtelefon, die Videokonferenztechnik und verschiedene Arten der Fernwirkung. Das gleichzeitige und auch wechselseitige Transferieren der Informationen in beide Richtungen wird Realität. Die Nutzung der Services mit Computerunterstützung ist mittlerweile ein Wachstumsmarkt und stellt den PC im LAN-Netz vor anspruchsvolle Aufgaben.

D=Digital: das Zerlegen aller Informationsquellen, gleichgültig welcher Art, in die binär codierte oder digitale Form der Zweiwertigkeit erlaubt eine eindeutig bessere Ausnutzung der Kapazität und bietet gleichzeitig höhere Sicherheit und Qualität. Hinzu kommt das konstante Übertragungstempo, welches viele Umsetzungen (Modem) und Geschwindigkeitsanpassungseinrichtungen überflüssig macht. Jeder Computer arbeitet auf der Digitalbasis und ist damit in der Lage, alle Arten von Informationen zu speichern und zu verarbeiten. Darüber hinaus werden einige der dediziert arbeitenden Endgeräte Vorverarbeitungsroutinen und Speichermöglichkeiten erhalten. Ergo: Die Herkunft der Informationen spielt innerhalb der ganzen Kette keine wesentliche Rolle mehr. Der Einfluß wird vor allem dort zu finden sein, wo die Datenmengen, zum Beispiel bei Bewegtbildern, gewaltig ansteigen und damit die Anforderungen an die gesamte Übertragungstechnik zunehmen werden.

N=Netzwerk: wie bereits erwähnt, dient das vorhandene Telefon-Netzwerk als Basis für ISDN. Zusammen mit den Telekom-Vermittlungsstellen kann nunmehr jeder Endanwender bzw. Netzteilnehmer volldigitalisiert am Kommunikationsnetz teilhaben. Die lokalen Netzwerke werden mit den öffentlichen Netzen zusammenarbeiten und damit der globalen Kommunikation Impulse verleihen.

Die bisherigen Hauptnetze Telefon und IDN können nun gemeinsam über ISDN zusammenarbeiten, womit letztendlich die folgenden, wichtigsten Services zur Verfügung stehen:

Services

- Telefon,
- Telefax,
- Bildtelefon,
- Telex,
- Datex-L-Verbindung,
- Datex-P-Verbindung,
- Teletex,

- Telebox 400,

- Datex-J (Btx),

- Datenfernübertragung und

- viele private Netzdiensteanbieter.

Die Telekommunikationsdienste können in drei Klassen eingeteilt werden:

1. die Bearer Services; das sind die reinen Vermittlungsdienste; Datex-L, Datex-P und Datenfestverbindungen

2. die Teledienste; das Telefon, der Faxdienst und der Telexdienst,

3. die Value Added Services, also die Mehrwertdienste; Btx, Telebox als Mailbox-Service und die privaten Online-Datenbanken.

Die dritte Gruppe bietet zusätzliche Rechnerdienste an, also Server-Rechner innerhalb des TK-Netzes.

An dieser Stelle wird einmal mehr auf die künftigen Möglichkeiten des PC als multifunktionales Endgerät hingewiesen. Mit ISDN-Netzboards und entsprechenden Softwarepaketen sowie der Netzbetriebssysteme werden die unterschiedlichen Dienste und medialen Einrichtungen wesentlich effizienter nutzbar werden. Doch zunächst einmal zu den Verbesserungen und Dienstmerkmalen des ISDN, das „reine" Telefonieren betreffend.

5.2   Das ISDN-Leistungsangebot im Telefondienst

Bereits bei den analogen Telefonen, vor allem in Verbindung mit TK-Anlagen, sind eine Reihe von nützlichen und angenehmen Funktionen vorhanden. Allerdings müssen dabei die Geräte zumeist mit Zusatzeinrichtungen versehen werden bzw. entsprechende Endgeräte vorhanden sein. Es gibt inzwischen eine Vielzahl an speziellen ISDN-Telefonanlagen, gewissermaßen für jeden Bedarf. Da die DBP Telekom auf diesem Gebiet mit anderen Anbietern in Konkurrenz steht, hat sich das Angebot in Bezug auf Qualität, Komfort und Preisverhalten zugunsten des Endbenutzers deutlich verbessert. Die ISDN-Leistungsmerkmale im einzelnen (um einzelne Merkmale besser zu verstehen, empfiehlt es sich ggf. vorher im Kapitel 5.4 über die Kanal-Nutzung nachzulesen):

- Dienstwechsel,

- Umsteckmöglichkeiten am Bus,

- Gerätewechsel bei einer bestehenden Verbindung,
- Auswahl der Endgeräte mittels EAZ,
- Sperre in verschiedenen Stufen,
- GBG (Geschlossene Benutzer-Gruppen),
- Anklopfen,
- Anrufweiterschaltung,
- Rufnummernanzeige des Anrufers,
- Identifikation des Anrufers,
- Makeln,
- Dreierkonferenz,
- Semipermanente Verbindungen,
- Anschluß-Dauerüberwachung,
- Gebührenanzeige,
- Einzelnachweis bei Gebühren.

Erläuterung der einzelnen Merkmale

Unter **Dienstwechsel** wird folgendes verstanden: Wenn beispielweise mit einem Partner ein Telefonat geführt wird und während des Gesprächs ein Fax gesendet werden soll, so ist das möglich. Das Gespräch wird kurzfristig unterbrochen und nach dem Absenden des Fax wieder aktiviert, und zwar ohne daß das Telefongespräch neu initiiert werden muß.

Die **Umsteckmöglichkeiten** am ISDN-Anschlußbus sind dann interessant, wenn man während eines Gesprächs den Raum wechseln will. Man zieht dazu den Telefonstecker aus der Anschlußdose und steckt ihn an einer anderen Dose wieder ein. Diese Funktion wird auch „Parken" genannt, die Parkzeit beträgt dabei maximal zwei Minuten. Das Gespräch bleibt dabei „in der Leitung".

Der **Gerätewechsel** funktioniert so: Man kann ein Telefongespräch zu einem anderen Apparat weiterleiten. Allerdings muß dieses Gerät am selben ISDN-Anschluß angeschlossen sein.

Die **Endgeräteauswahl** bedeutet nichts anderes, als daß jedes am ISDN-Bus angeschlossene Gerät direkt von außen adressiert werden kann. Jedes der möglichen Geräte besitzt eine EAZ zur exakten Adressierung. Wenn also z.B. vier Telefone im ISDN-Bus gekoppelt sind, kann jedes Gerät direkt einen Anruf von außen entgegennehmen, die anderen drei bleiben dann „klingelfrei".

Die Möglichkeiten des **Sperrens** sind gestaffelt. Man kann den gesamten Anschluß sperren oder nur Gespräche nach außen. Dabei sind dann nur noch die Notrufnummern 110 und 112 wählbar. Sodann kann man die Sperre abstufen in nur Inlandsverbindungen, nur Ortsverbindungen oder komplette Sperre.

Eine ISDN-GBG, **geschlossene Benutzergruppe**, ist eine zeitweilige Zusammenfassung von Teilnehmern. Dieser Kreis kann ungestört von außen untereinander kommunizieren. Aus dem GBG heraus kann jederzeit nach außen Verbindung aufgenommen werden, wohl aber nicht umgekehrt. Die GBG kann z.B. für die Datenfernübertragung einen bestimmten Teilnehmer freischalten, telefonisch ist er jedoch nur über die GBG erreichbar.

Unter **Anklopfen** versteht man im ISDN den Versuch, von außen, einen Teilnehmer zu erreichen, der allerdings im Moment ein anderes Gespräch führt. Das geschieht in der Weise, daß auf dem Display des Angerufenen die Rufnummer des Anrufenden erscheint. Während des Gesprächs kann also festgestellt werden, daß ein weiterer Telefonkontakt versucht wird, und der Teilnehmer kann auch feststellen, wer ihn zu erreichen versucht. Dabei kann der Angerufene das erste Gespräch kurz unterbrechen (siehe Makeln) oder aber zu einem späteren Zeitpunkt zurückrufen.

Die **Anrufweiterschaltung** funktioniert im Prinzip zweistufig. In der ersten Stufe wird jeder Anruf sofort zu der gespeicherten Zielnummer weitergeschaltet. Die zweite Möglichkeit besteht darin, daß zwar zuerst beim ursprünglichen Anschluß der Kontakt versucht wird, jedoch nach 15 Sekunden automatisch zur zweiten Zielnummer weitergeschaltet wird.

Die Telefonnummer des Anrufers wird bei der **Rufnummernanzeige** am Display des Angerufenen angezeigt, allerdings nur, wenn der Anrufer ebenfalls einen ISDN-Anschluß besitzt. Man weiß also bereits vor dem Anruf, wer Verbindung aufnehmen will. Falls diese Nummer eventuell nicht bekannt ist, kann am PC z.B. in den Datenbanken nach der Adresse des Anrufenden gesucht werden. Diese Funktion eröffnet interessante und zeitsparende Möglichkeiten für vielerlei Anwendungen.

Das **Identifizieren** eines Anrufers mit Datum und Uhrzeit kann über die zuständige Vermittlungsstelle erfolgen, allerdings nur auf Antrag. Im Zusammenhang mit dem Anklopfen können auf diese Weise Störer ermittelt werden, also auch ohne eine Verbindungsaufnahme. Diese Einrichtung ist auch als Fangschaltung bekannt.

Unter **Makeln** ist das wechselweise Umschalten zwischen zwei weiteren Teilnehmern zu verstehen. Man kann also ein bestehendes Gespräch zeitweilig unterbrechen und mit einem dritten Partner Verbindung aufnehmen. Dabei kann der jeweilige dritte Partner das andere Gespräch nicht mithören.

Im Gegensatz hierzu ist die **Dreierkonferenz** wirklich eine solche. Das heißt, daß drei Anschlüsse miteinander ständig in Verbindung sind. Durch die Tatsache, daß im ISDN zwei Nutzkanäle vorhanden sind, wird solches möglich. Es sind also zwei Telefongespräche miteinander verbunden.

Semipermanente Verbindungen werden als vorbestellte Dauerwählverbindungen bezeichnet. Dabei wird eine Verbindung mit einem vorbestimmten Teilnehmer aufgebaut, und zwar über den Steuerkanal „D". Der „B"-Kanal als Nutzkanal wird erst aktiv, wenn er tatsächlich belegt wird. Damit wird der Verbindungsaufbau beschleunigt und es kommt nicht zu Besetzt-Situationen. Das wiederum ist ein interessanter Aspekt bei der Datenübertragung. Hierbei handelt es sich also um eine „Bevorrechtigungsverbindung", die allerdings bei vorübergehender Nichtnutzung anderweitig belegt werden kann.

Die **Dauerüberwachung des Anschlusses** wird von der DBP Telekom als Sonderservice angeboten. Es wird die Funktionalität des Anschlusses permanent überwacht, und bei eventuellen Störungen kann gezielt eingegriffen werden. Diese Funktion ist bei der Datenübertragung wichtig, da man damit die Fehlerhäufigkeitsrate steuern kann. Dieser Service muß gesondert beantragt werden und verursacht separate Gebühren.

Die Möglichkeit der **Gebührenanzeige** kann während der Verbindung am Display oder PC angezeigt werden, in Einheiten oder DM-Beträgen. Die Beträge werden kumuliert, womit eine ständige Kontrolle der Kosten möglich wird.

Einen **Gebühreneinzelnachweis** über jede in einem Abrechnungszeitraum getätigte Verbindung mit Rufnummer, Datum, Uhrzeit und Dauer kann man auf Antrag bekommen. Dabei sind zwei Fakten zu beachten: Zum einen ist das nicht kostenlos, und zum anderen spielen dabei Datenschutzbestimmungen eine Rolle. Die DBP Telekom darf derartige Daten nur eine bestimmte Zeit halten, und es müssen die letzten drei Ziffern der einzelnen Rufnummer gelöscht werden. Es leuchtet auch ein, daß solche Zusammenstellungen nicht in jedermanns Hände gelangen sollten.

Die verschiedenen Anschlußarten und die Einordnung des ISDN können am besten anhand einer einfachen Übersicht dargelegt werden:

Bild 5-1:
ISDN-Anschlußarten

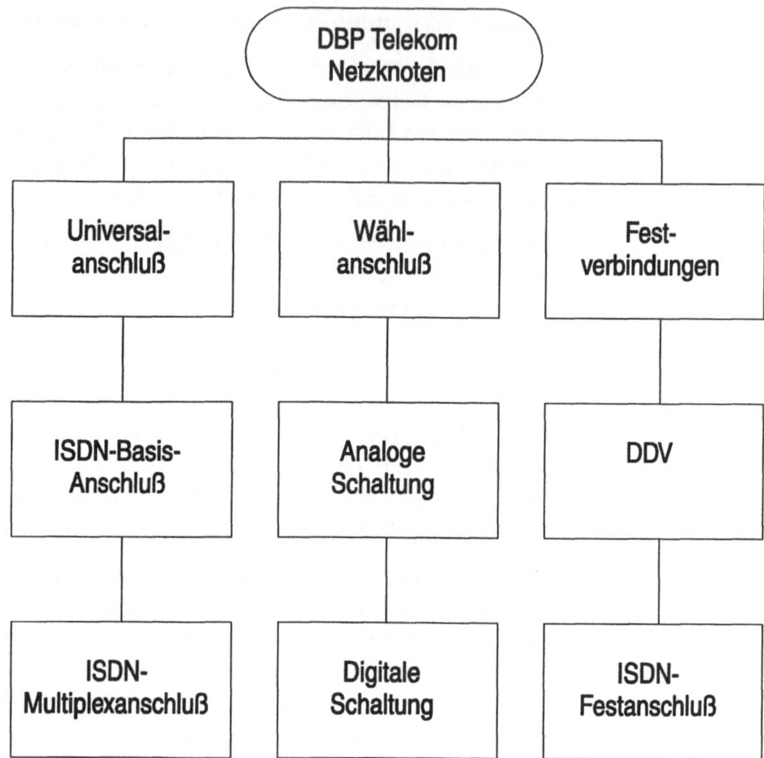

5.3 Grundsätzliches zur Digitalisierung

Ohne allzusehr auf technische Details einzugehen, sollte man sich mit den Unterschieden der Analog- und Digitaltechnik ein wenig befassen. Der Grund ist einleuchtend: bei gemischter Kommunikation, wie sie für das ISDN typisch ist, sind nun einmal beide Varianten beteiligt.

Analoge „Verarbeitung": Menschliche Sprache, Bilder, Grafiken, das herkömmliche Telefon und das vorhandene Analognetz.

Digitale „Verarbeitung": Jeder Computer und das ISDN-Netz. Als Beispiel kann man sich die Datenübertragung im herkömmlichen Telefonnetz vornehmen, wobei bekanntlich an beiden Enden Computer angekoppelt sind. Die digitalen Daten müssen per Modem in analoge Signale umgeformt werden, bevor sie auf irgendeine Weise ins Netz gelangen können. Am anderen Ende funktioniert der Vorgang umgekehrt, damit der andere Computer die Daten wieder einspeichern kann.

Die andere Variante ist die folgende: Der Besitzer eines Analogtelefones nimmt über das ISDN mit einem anderen Teilnehmer Kontakt auf, der wiederum ein Digital-Telefon sein eigen nennt. Auch hierbei ist wenigstens einmal eine Umsetzung nötig.

Bild 5-2:
Digital-Analog-
Verbindungen

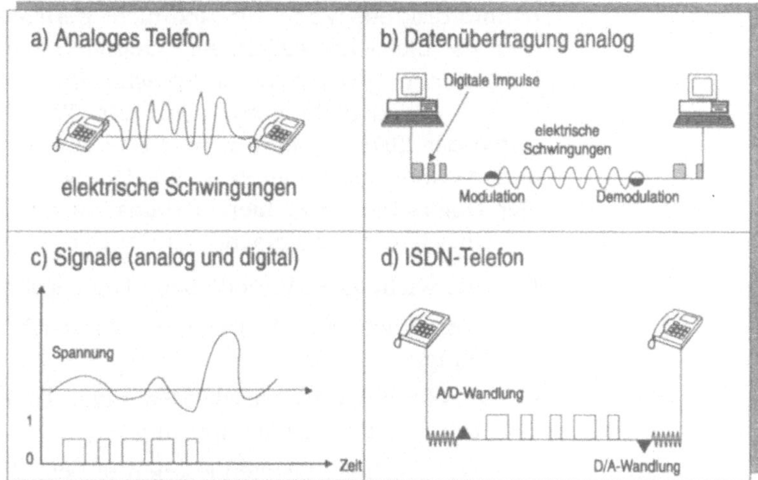

Das Analog-Prinzip

Die Sprache wird in elektrische Schwingungen umgewandelt und damit in Frequenzen. Diese Schwingungen stellen nun ein „analoges" Abbild der Schallwellen dar. Auf der anderen Seite werden sie wiederum in hörbaren Schall zurückgewandelt. Wenn nun auf der Senderseite beim Beispiel Datenübertragung digitale Daten über das Analognetz transferiert werden, so müssen sie zuvor in analoge Signale umgesetzt werden. Versimplifiziert sieht das dann so aus: Digitale „Einsen" in Folge erzeugen einen hohen Ton und digitale „Nullen" einen tiefen. Jede Kombination dazwischen ergibt dann natürlich dementsprechende Zwischentöne. Auf der Empfängerseite müssen diese Lautschwingungen wieder in Digitalform zurücktransformiert werden. Genau dieses Modulieren und Demodulieren geschieht mit Hilfe der Modems. Sie werden in diesem Fall logischerweise in Paaren eingesetzt. Es gibt unter anderem zwei recht auffallende Nachteile im Analogverkehr: Zum einen sind keine hohen Geschwindigkeiten möglich, und zum anderen ist die Fehlerrate relativ hoch. Beim normalen Telefongespräch können auch Qualitätsverluste eintreten.

Das Digitalprinzip

Die Zweiwertigkeit der Darstellung jeglicher Informationsart in binär „Null" und binär „Eins" und Kombinationen davon wurde bereits früher kurz erläutert. Es handelt sich hierbei um sogenannte diskrete Werte, die sich nicht permanent verändern können wie die Schallwellen. Alle analogen Darstellungen oder Informationen, gleichgültig ob Sprache, Bilder oder Grafiken, werden in die digitale Form überführt. Während des Transports durch das ISDN werden diese Werte zum einen nicht mehr verändert, und zum anderen ist die Quelle nicht mehr erkennbar. Der Unterschied liegt hierbei primär in der Menge. Das Prinzip der Umsetzung von Sprache wird in Bild 5-3 veranschaulicht.

Die drei wichtigsten Vorteile beim Digitalprinzip:

- wesentlich störungsfreier im Vergleich zur Analogübertragung,

- das Mischen der verschiedenartigen Datenquellen über eine Leitung, also das Multiplexing,

- die Übertragungsraten können um ein Zigfaches höher sein.

Das Umsetzen von Grafiken in die digitale Form ist jedem PC-Software-Entwickler bekannt. Je umfangreicher eine grafische Darstellung ist, dies gilt erst recht mit Farben, desto höher der Speicherbedarf. Auch der Umsetzvorgang als solches beansprucht eine gewisse Laufzeit, welche nicht unerheblich ist. Man kann sich gut vorstellen, daß das Digitalisieren von Bewegtbildern (Video) und das Transferieren durch die Leitungen entsprechend leistungsfähigere Aggregate voraussetzt.

Durch umfangreiche Versuche, auch speziell in Pilotprojekten, wurden unter anderem Leistungsmessungen durchgeführt. Die ISDN-Standard-Übertragungsgeschwindigkeit von 64 Kbit/s ist in den meisten Fällen ausreichend. Bei Video-Bild-Konferenzen gelangt man jedoch schnell an die Grenzen. Die Entwicklung der Breitbandtechnologie verspricht dabei jedoch wesentliche Verbesserungen beim Datendurchsatz.

Bild 5-3:
Prinzip der Sprachumsetzung in digitale Darstellung

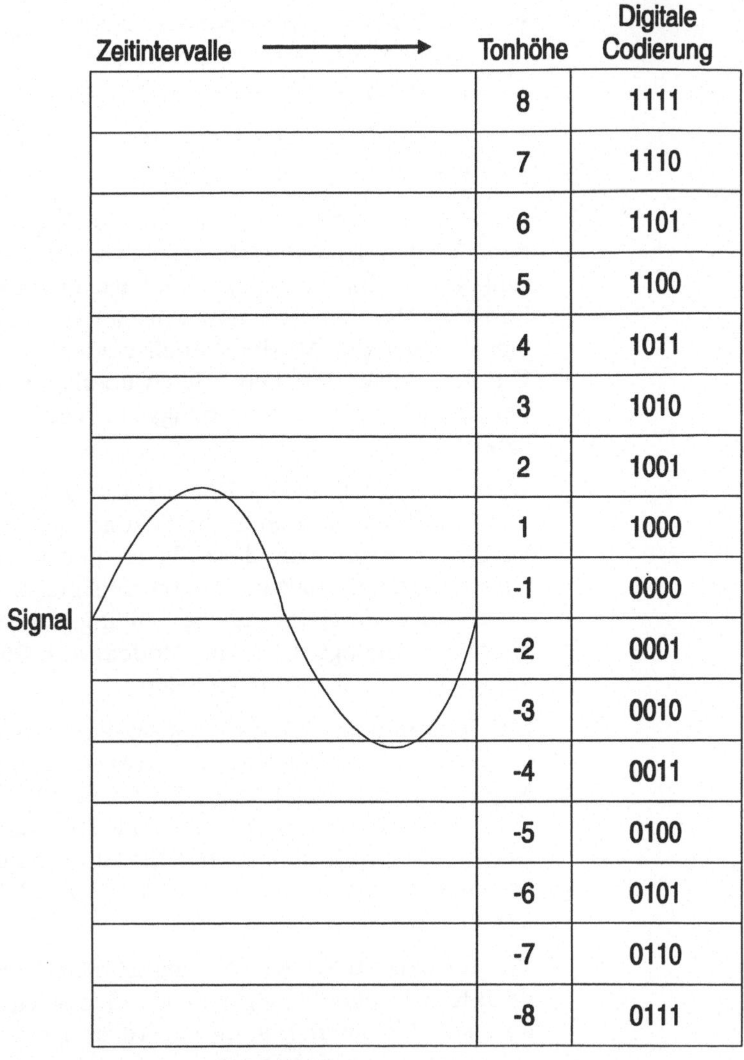

5.4   Basisanschluß

Die einfachste Ausprägung eines ISDN-Anschlusses stellt der Basisanschluß dar. Es handelt sich um den Universalanschluß „ISDN 2", die Schnittstelle wird als Teilnehmerschnittstelle S_o geführt. Die CCITT-Empfehlungen kennen diese Anschlußart unter der Bezeichnung „ACCESS 2B + D". Der Basisanschluß ist durch folgende Fakten gekennzeichnet:

- 2 „B-Kanäle", voneinander unabhängig, mit einer Transferleistung von 64 Kbit/s pro Kanal;
- 1 „D-Kanal", mit einer Transferleistung von 16 Kbit/s;
- zwei Kupferdoppeladern als technische Basis;
- Reichweite bis zu 1000 Metern.

Die B-Kanäle sind als eigentliche Nutzkanäle konzipiert, sie dienen also dem Datentransfer. Der D-Kanal übernimmt Steuerungsfunktionen und arbeitet abenfalls unabhängig von den B-Kanälen. Hier werden zum Beispiel die Benutzerkennung und Signale über die Art des aktuell genutzten Dienstes übertragen. Die drei Kanäle arbeiten zeitlich überlappt, so daß man von einer tatsächlichen Übertragungsrate von 144 Kbit/s sprechen kann.

Wenn nun ein Kanal 64 Kbit/s Leistung bietet, so sind das konkret rund 8000 Zeichen in der Sekunde pro Kanal. Für praktische Vergleiche kann man diese Daten hochrechnen und beispielsweise feststellen, daß die Minutenleistung bei rund 300 DIN-A4-Seiten liegt, durchschnittliche Füllung angenommen. Zum Vergleich im Analogbetrieb mit Modem von 9600 bit/s ergibt sich ein ungefährer Wert von 48 Seiten.

Der Basisanschluß ist als Punkt-zu-Punkt-Verbindung oder auch als Busstruktur ausgelegt. Die maximale Buslänge beträgt 150 Meter. Am ISDN-Bus können bis zu 12 ISDN-Anschluß-Einheiten (IAE´s) vorhanden sein, das sind also die genormten ISDN-Dosen. Allerdings können nur bis zu 8 Endgeräte in Betrieb genommen werden. Davon dürfen 4 von gleicher Art sein, also z.B. vier Telefongeräte.

Was für den Nutzer sehr wichtig ist: Man kann in der Praxis beide B-Kanäle unabhängig voneinander belegen. Es ist also möglich, auf der einen Leitung ein Telefongespräch zu führen und auf der anderen eine Datenübertragung vorzunehmen. Durch die bereits erwähnten Umsteck- und Umschaltmöglichkeiten während des Betriebs entstehen dabei einige Variationsmöglichkeiten.

Bild 5-4:
Mögliche Konfiguration in einem Basisanschluß

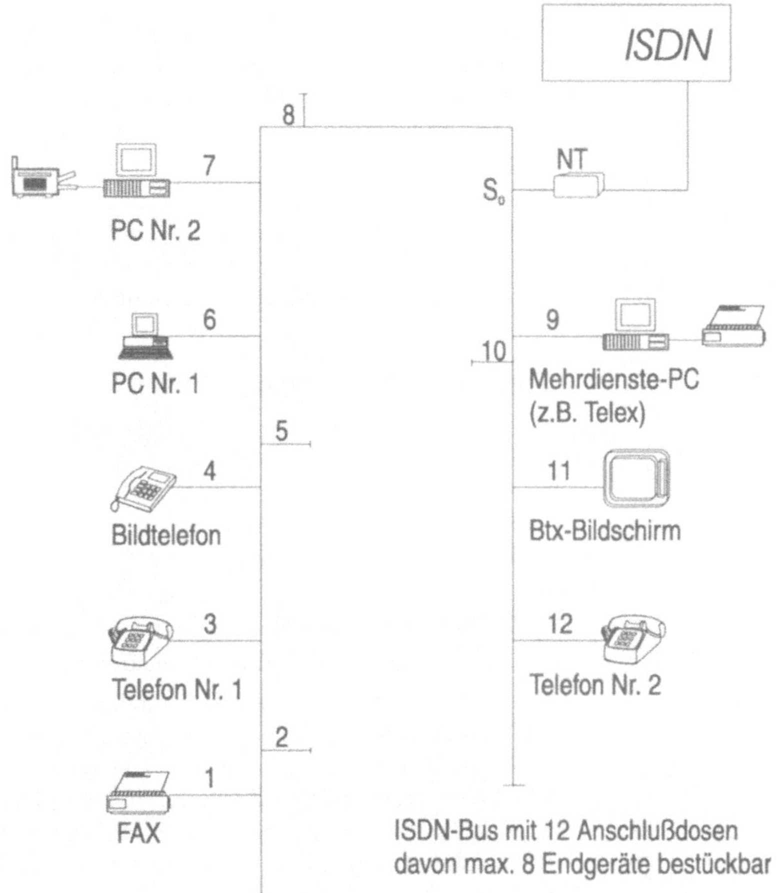

Wie werden nun die einzelnen Endgeräte adressiert? Die Antwort ist einfach: Als Zusatz zur eigentlichen ISDN-Anschlußnummer wird mit dem EAZ (=Endgeräte-Auswahlziffer) gearbeitet.

EAZ 1-8: Ist die Gerätekennung der acht möglichen Endgeräte, z.B. 1-4 für die maximal möglichen 4 Telefone und 5-8 für PC´s und Faxgeräte.

EAZ 0: (Global Call) stellt die Sammelrufnummer dar, wobei dann bei einem Anruf alle Telefone klingeln.

EAZ 9: Das Telefon klingelt nur an dem mit dieser Ziffer eingestellten Gerät, und zwar abhängig davon, welche Endziffer tatsächlich gewählt wurde.

Diese Endziffern sind problemlos jederzeit änderbar. Wenn jemand einen ISDN-Anschluß besitzt, so steht im Telefonbuch:

ISDN 4711-0. Man muß als externer Anrufer die tatsächlich eingestellte Endgerätekennung also nicht unbedingt wissen. Der Basisanschluß ist die ISDN-Version für den privaten Nutzer und für Kleinunternehmen. Man kann mehrere S_0-Anschlüsse koppeln.

Da im Bus mehrere Geräte angeschlossen sind, muß der Zugang zu den Nutzkanälen kontrolliert werden. Dieses geschieht im D-Kanal. Wenn nun beide B-Kanäle belegt sind, so wird der D-Kanal keine weiteren Zugänge erlauben.

5.5   Primärmultiplexanschluß

Die wesentlich erweiterte Nutzungsmöglichkeit im ISDN als Universalanschluß bietet der sogenannte Primärmultiplexanschluß oder auch S_{2M}. Postintern als „ISDN 30" geführt, beziehen sich wiederum die CCITT-Empfehlungen auf die Bezeichnung „Access 30B + D". Die Daten des PMX-Anschlusses:

- 30 „B-Kanäle", voneinander unabhängig, jeder Kanal mit der ISDN-Standardtransferleistung von 64 Kbit/s;
- 1 „D-Kanal" mit der Transferleistung von 64 Kbit/s.

Der B-Kanal ist also immer der Nutzkanal, und der D-Kanal wird als Steuerkanal bezeichnet. Der Anschluß wird als reine Punkt-zu-Punkt-Konfiguration realisiert. Die nutzbare Bitrate von 1920 Kbit/s errechnet sich einfach durch Multiplikation 30 x 64. Die S_{2M}-Schnittstelle bietet postseitig eine Bitrate 2048 Kbit/s und ist demnach auf den vollen Leistungsempfang ausgelegt.

Eine S_{2M}-Schnittstelle kommt für mittlere und Großfirmen in Betracht. Dabei wird in der Regel eine TK-Anlage an das ISDN angeschlossen sein, mit mehr oder weniger Nebenstellen.

Der Anschluß einer einzigen ISDN-TK-Anlage genügt also, um bis zu 30 Verbindungen gleichzeitig zu realisieren. Auch hierbei genügen 2 Kupferdoppeladern, allerdings wird hier in der Zukunft verstärkt auf die Glasfasertechnik gesetzt. Für beide Anschlußarten gilt dasselbe nationale Schnittstellenprotokoll: Das 1TR6 der DBP Telekom.

Die beiden Universalanschlußarten Basis und PMX sind im Prinzip als Wählverbindungen zu betrachten. Die Möglichkeiten von Festverbindungen und Datendirektleitungen sind Thema des Kapitel 6. Dort wird auch auf die Möglichkeit des „Channel Bundling" eingegangen. Bleibt noch eines hinzuzufügen: Die D-Kanäle arbeiten intern leitungsorientiert, und die B-Kanäle paketorientiert. Für den Nutzer stellt das ISDN ein leitungsorientiertes Verfahren dar. Das zeigt sich dann auch noch bei den Kostenberechnungen.

5.6   Verbindungen zu anderen Netzen

Das ISDN als Digitalnetz ist nun ganz sicher keine „Insel"-Lösung. Die vorhandenen Netze und die getätigten Investitionen müssen nach wie vor nutzbar bleiben. Deshalb werden die drei wichtigsten Dienstübergänge zum

- analogen Telefonnetz,
- zu Datex-L und
- zu Datex-P kurz untersucht.

Die Verbindung **analoges Fernsprechernetz** zum ISDN benötigt eine Einrichtung bei der DBP Telekom, den sogenannten KZU oder Kennzeichenumsetzer. Um diese technische Seite muß sich der Anwender jedoch nicht kümmern, es ist Bestandteil beim ISDN-Anschluß. Hierbei werden die Digital-/Analog-Umsetzungen sowie die unterschiedlichen Signalanpassungen vorgenommen. Man kann also problemlos eine analoge und eine ISDN-Telefonverbindung herstellen. Allerdings können etliche der ISDN-spezifischen Leistungsmerkmale nicht im Analogtelefon genutzt werden. Beispielsweise kann die Rufnummer eines Analoganschlusses nicht am ISDN-Display erscheinen. Ein ISDN-Anschluß kann jedoch eine Dreierkonferenz mit zwei Analog-Partnern führen.

Bei den Faxanschlüssen sieht die Sache dann etwas anders aus. Die Analog-Faxgeräte gehören zur Gruppe 3, während die Digitalfaxgeräte zur Gruppe 4 gezählt werden. Man kann nun nicht einfach ein Gruppe-3-Fax direkt ans ISDN anschließen. Das ist durch die unterschiedliche Technologie der beiden Informationsübertragungsverfahren zu erklären. Dennoch gibt es Anpassungsmöglichkeiten in Form von ISDN-PC-Adapterkarten, sodaß man mit Hilfe von entsprechend ausgestatteten PC´s solche Verbindungen realisieren kann.

Die Kommunikation zwischen ISDN-PC-Karten und Modems im herkömmlichen Sinne ist ebenfalls möglich. Da ISDN „von Haus aus" digital arbeitet, leuchtet es ein, daß der einfache Anschluß eines Modems zur Datenübertragung nicht sinnvoll ist. Darüber jedoch mehr in den Kapiteln 6 und 7 bei der Behandlung der spezifischen Endgeräte und der Datenübertragungsmodalitäten. Auch die Adapterkarten und softwareorientierte Lösungen kommen noch zur Sprache.

Der Übergang zum **Datex-L-Netz** wird mit Hilfe einer Interworking Unit erreicht. Hierbei werden die unterschiedlichen Signalisierungen angepaßt, jedoch ohne Analog/Digital-Umwandlung. Teilnehmer im Teletexdienst werden über diese Einrichtung erreichbar. Mit Hilfe eines TTU = Telex-Teletex-Umsetzers sind auch Verbindungen zu den Telexteilnehmern schaltbar. Im Zusammenhang mit ISDN ist das Datex-L-Netz langfristig nicht mehr sonderlich interessant, wie überhaupt alle X.21-Arten.

Von Bedeutung bleibt allerdings das **Datex-P-Netz** als Rückgrat der Datenübertragungsmöglichkeiten. Als paketorientiertes Netz kann man auch Datex-P nicht ohne weiteres ans ISDN koppeln. Es wird ein Packet-Handler dazwischengeschaltet. Dies ist eine Einrichtung, welche die ISDN-Daten in Pakete „verpackt" und „entpackt". Die Telekom bietet jedenfalls in ihren Vermittlungsstellen Anschlußmöglichkeiten, die jedoch gesondert beantragt werden müssen. In gewisser Weise handelt es sich dabei um „Schnittstellen", die nicht jeder ISDN-Anwender benötigt und will.

Bild 5-5:
ISDN-Verbindungsmöglichkeiten

ISDN u. Telefon	Telefon	Teletex	Btx	Fax Gr. 3+4	Datex-P
Telefon	○				
Fax Gr. 3			◁	○	
Teletexi		○			○
Telex		○	○		
Btx			○	▷	
Telebox 400			–○–	▷	◁
Datex-L	○				▷
Datex-P	○				
Telegramm		○	◁	○	
Telebrief			◁	○	
Cityruf		◁	◁		

○ In beiden Richtungen   –○– In beiden Richtungen -geplant

▷ Von anderen Netzen zu ISDN   ◁ Von ISDN zu anderen Netzen

5.7   Breitband-ISDN, ATM, Frame Relay?

Das S-ISDN (=Schmalband-ISDN) oder auch N-ISDN (=Normal-ISDN) bietet nun auf der Ebene des Basisanschlusses bis zu 144 Kbit/s mit dem Primärmultiplexanschluß maximal 2048 Kbit/s, also rund 2 Megabit Übertragungsleistung. Im Vergleich zum Analognetz bedeutet das sicherlich einen enormen Fortschritt. Dennoch deckt diese „Leistung" eigentlich nur die Anforderungen an die Sprachdienste und an die Daten-„Leistung" weitgehend ab. Wenn man die sich abzeichnenden künftigen Applikationen mit Standbild (Film, Video) näher betrachtet, so stößt man unweigerlich an die Leistungsgrenzen. Das bedeutet nichts anderes, als daß die Quantität der Informationsträger in hohem Maße zunehmen wird und die allgemeinen Anforderungen an die Übertragungswege in punkto Schnelligkeit und Sicherheit steigen müssen.

Nun sind in verschiedenen Industrieländern Bestrebungen und Entwicklungstendenzen in die Richtung von „Datenautobahnen" oder auf neudeutsch „Information Highways" im Gange. Es gibt einige Pilotprojekte, welche der technischen Weiterentwicklung und der Akzeptanz am Markt dienen sollen. Die DBP Telekom z.B. hat in einigen Ballungszentren Probeinstallationen geschaffen, welche unter dem Begriff „MAN" (=Metropolitan Area Network) bzw. Datex-M bekannt sind. Das B-ISDN charakterisiert sich durch einige prägnante Merkmale:

Merkmale des
B-ISDN

- Völlige Integration aller TK-Dienste zur Übertragung der verschiedenen Medien wie Daten, Texte, Dokumente, Grafik, Sprache und Bild;

- Anpassung aller denkbaren und realisierten Datenstromtypen (synchron, asynchron, isochron)

- Bewältigung unterschiedlicher Transferraten;

- Breitbandtechnologie auf Glasfaserbasis, Richtfunkstrecken und Satellitenkommunikation.

In diesem Zusammenhang sind etliche Begriffe wie „Frame Relay" und „ATM" (=Asynchronus Transfer Mode) im Umlauf. Beispielsweise werden ATM große Chancen eingeräumt. ATM arbeitet im Paketmodus, wobei die Datenpakete eine feste Länge aufweisen: 48 Bytes für die Nutzdaten und 5 Bytes für den Zellenkopf mit Zielangaben. Dabei werden die Zellen kontinuierlich durch die Leitung geschickt mit unterschiedlichen Quellen und Empfangsadressen. Man kann sich das wie eine Art Fließband mit Daten-„Containern" vorstellen.

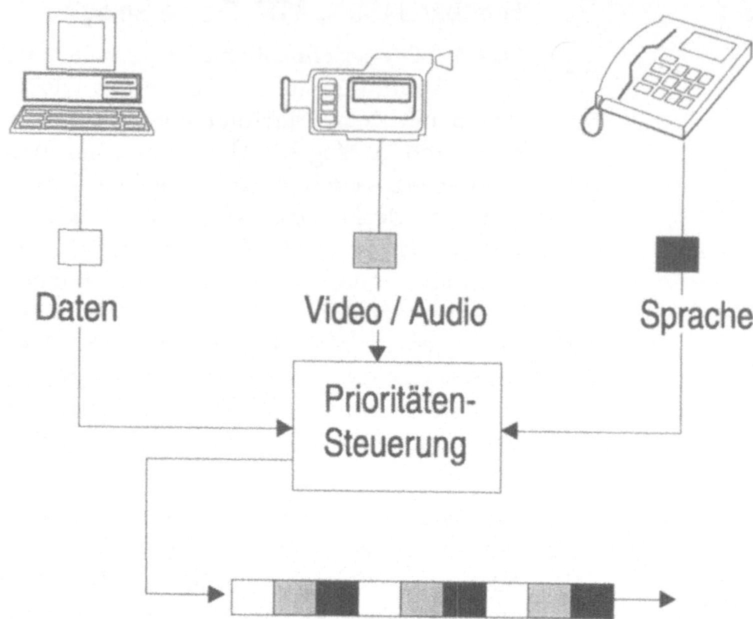

Bild 5-6:
Prinzip der gemixten
Übertragung

Das S-ISDN wird auf alle Fälle keine Einbahnstraße darstellen, sondern im vollen Umfang in den Weiterentwicklungen integriert bleiben.

Im Zusammenhang mit den Breitbandtechnologien steht auch der Begriff „Multimedia". Damit ist, vereinfacht ausgedrückt, die völlige Integration verschiedener Kommunikationsformen gemeint. Das Hauptziel bei Multimedia wird die Abarbeitung aller Arten von Daten über ein einziges Netzwerk und über ein einziges Endgerät sein. Entsprechend ausgestattete, hochleistungsfähige PC's oder Multimedia-Workstations sind mittlerweile am Markt.

5.8   Euro-ISDN

Der Bedarf an länderübergreifenden Kommunikationsformen ist vorhanden und vor allen Dingen erkannt. Nun existieren in Europa eine Reihe von nationalen Telefonnetzen. Um mit dem Ausland zu telefonieren, mußten bereits bei der Analogtechnik einige Anpassungen und Schnittstellen entwickelt werden. Unterschiedliche und teils auch „exotische" Techniken machten dies ganz einfach notwendig.

Das Euro-ISDN erlebte seine Geburtsstunde bereits 1989, als sich 26 Fernmeldegesellschaften aus 20 europäischen Ländern in einem MoU (=Memorandum of Understanding) geeinigt haben, ein gemeinsames D-Kanal-Protokoll zu entwickeln. Dieses Euro-Protokoll hat den Namen „E-DSS1" - European D-Channel Signalling System No. 1. Dabei wurde vereinbart, daß im Rahmen des E-DSS1 ein gewisses Minimum an Leistungen und Diensten angeboten werden muß. Nationale Zusätze im Rahmen der Euro-Standards sind zulässig und auch vorhanden. Welches sind nun die wichtigsten Ergänzungen?

- die Übermittlung der Rufnummer zum anderen Teilnehmer kann vom Nutzer fallweise unterdrückt oder erlaubt werden,

- die Übermittlung der Rufnummer des Ziel-Teilnehmers zum anrufenden Teilnehmer quasi als Bestätigung und zur sicheren Identifikation,

- anstelle der EAZ hat der Euro-ISDN-Teilnehmer die Möglichkeit, bis zu 10 verschiedene Rufnummern für seine Endgeräte zu erhalten,

- die zusätzliche Nutzung des D-Kanals für Datentransport, und zwar paketiert.

Die DBP Telekom garantiert darüber hinaus noch folgende Dienstleistungen:

- Bildtelefone,

- Faxdienste der Gruppe 4,

- Teletex und

- ISDN-unterstütztes Btx.

Das nationale D-Kanal-Protokoll 1TR6 und das internationale E-DSS1 können parallel betrieben werden. Auf Antrag kann man dafür einen „bilingualen Anschluß" seitens der DBP Telekom eingerichtet bekommen. Damit kann man am Basisanschluß S_0 ohne weiteres im Euro-ISDN-Verkehr teilhaben.

Bis das Euro-ISDN allerdings flächendeckend arbeitet, sind noch einige Absprachen und Standardisierungs-Zielsetzungen zu realisieren. Für den Endanwender ist im Prinzip nur eines wichtig: Man kann davon ausgehen, daß Investitionen auf der Basis ISDN keinesfalls riskant sind. Das ISDN ist in der BRD jedenfalls inzwischen flächendeckend im Angebot, und Kommunikationsverbindungen nach Übersee auf dieser Basis sind Realität.

5.9 Kosten und Gebühren

Abschließend zum allgemeinen ISDN-Kapitel werden noch einige Daten zu den Gebühren und Kosten dargelegt. Auch im ISDN gibt es drei verschiedene Gebührenarten:

- die erstmaligen und einmaligen Bereitstellungskosten
- die monatlichen Grundgebühren und
- die „verbrauchs"-bedingten laufenden Kosten.

	Anschlußkosten	monatliche Grundge-bühr
ISDN S_0	130,--	74,--
ISDN S_{2M}	200,--	518,--
Analogtelefon	65,--	24,60

Man kann nun nicht einfach feststellen: ISDN ist teuer! Wenn man berücksichtigt, daß der Basisanschluß zwei Kanäle bietet, so sind die Monatsgebühren von DM 74,- dividiert durch 2 dann nur noch DM 37,- pro Kanal zu sehen.Bei den S_{2M}-Anschluß wird die Rechnung noch günstiger: 518 : 30 ergibt Kanalgebühren von nunmehr DM 17,27. Die verbrauchsabhängigen Gebühren sind mit denen im Analogtelefon identisch. Die beeinflussenden Faktoren sind als ebenfalls Datum, Uhrzeit und Entfernung.

Als ISDN-Teilnehmer kann man also die laufenden Verbindungskosten genau wie beim normalen Telefon gewissermaßen selbst beeinflussen. Vielleicht ist in diesem Zusammenhang noch interessant zu wissen, daß der Verbindungsaufbau im ISDN etwas schneller stattfindet. Auch im Faxdienst ergeben sich zeitliche Vorteile: Ein Fax mit Gruppe-4-Geräten wird im Mittel um das 6- bis 8-fache schneller stattfinden.

Die monatlichen Fixkosten im Euro-ISDN sind zu unterscheiden nach drei Anschlußarten: Einfach-, Standard- und Komfortanschluß. Die Unterschiede sind nicht so gravierend, sie bestehen im Prinzip aus einem gewissen Komfort beim Telefonieren und beim Umfang bestimmter Services wie Anklopfen, Rufnummernweiterschaltung und dergleichen. Das aktuelle Angebot der DBP Telekom ist sinnvollerweise vorher zu hinterfragen, man braucht eventuell nicht unbedingt jeden Bedienungskomfort.

Bild 5-8:
Euro-ISDN
Grundkosten

	Einfach	Standard	Komfort
S_0	59,--	64,--	69,--
S_{2M}	498,--	518,--	558,--

Es wird noch der Versuch unternommen, beim Dateitransfer einen Kostenvergleich zu erstellen. Man muß dabei grundsätzlich zwischen den Wählverbindungen und den Festverbindungen unterscheiden. Die fraglichen Dienste sind ISDN, Datex-P und Datex-L.

Bild 5-9:
Monatliche Grundgebühren – Gebührenvergleich

	9600 Bit/s	64 Kbit/s	2x64 Kbit/s
Datex-P	483,--	1725,--	
Datex-L	586,50	1150,--	1610,--
Analog	24,60		
ISDN S_0			74,--

Hinweis: Beim Analogtelefon werden zumeist Modems mit 9600 bit/s eingesetzt. Diese Werte kann man nun nicht ohne weiteres vergleichen. Bei den Kostenabrechnungen spielen noch die folgenden Faktoren eine Rolle:

- die Dateiengröße in KByte oder MByte,
- die Dauer der Verbindung,
- die Übertragungshäufigkeit pro Tag/ pro Monat etc.
- Normal- oder Billigtarif.

Aus der Praxis heraus ein Beispiel: Für die Übertragung von 65 Textseiten in der Fernzone im Normaltarif entstehen Gebühren von 0,23 DM = eine Einheit. Die Übertragung im Analognetz kostet in etwa das Siebenfache. ISDN-Dienstübergänge zu Datex-P variieren je nach Transfergeschwindigkeit.

Bild 5-10:
Datex-P Übergänge

Bit/s	einmalig	monatlich
2400	65,--	140,--
4800	65,--	240,--
9600	65,--	340,--

Bei den Festverbindungen wird weiterhin unterschieden zwischen DDV (=Datendirektverbindungen) und ISDN-Festverbindungen. Dann gibt es noch die semipermanenten Verbindungen, das sind vorbestellte Wählverbindungen auf Zeit mit einem bestimmten Partner.

Es ist nicht einfach, Kostenberechnungen und Vergleiche anzustellen, da zu viele Abhängigkeiten und Faktoren dabei hineinspielen. Als Faustregel kann jedoch die Aussage gelten: Je häufiger man Datentransfer mit ISDN ausführen muß, desto lohnender wird der Anschluß, allerdings stark abhängig von den Entfernungen und den Übertragungszeiten. Privat wird sich ein ISDN-Basisanschluß dann lohnen, wenn ein PC vorhanden ist und damit öfters Datentransfer durchgeführt wird. Gedacht wird dabei an den Compuserve-Dienst, an den Internet-Anschluß, an die Software-Update-Services verschiedener Hersteller und an die privaten Mailing-Services sowie Btx und EDIFACT.

Datenübertragungsaspekte im ISDN

Der Datenaustausch in der EDV wird bereits seit Jahrzehnten praktiziert. Die Datenfernverarbeitung und die reine Datenübertragung von Rechner zu Rechner spielen eine stetig wachsende Rolle in der Kommunikationswelt. Dabei werden nicht nur große Entfernungen überwunden. Der Datenfluß in einem Unternehmen mit Niederlassungen und Zweigstellen kann sowohl sporadisch als auch permanent erfolgen. Auch innerhalb eines Betriebsgeländes mit mehreren Gebäuden und verteilten Rechnersystemen werden stets Daten ausgetauscht. Der Transport von Daten aller Art erfolgt also über recht unterschiedliche Distanzen. Die grundlegenden Probleme und Bedingungen sind dabei im wesentlichen dieselben:

Grundbedingungen

- Geschwindigkeit,

- Kompatibilität,

- Ausfallsicherheit,

- Verfügbarkeit,

- Zugriffsschutz und Sicherheit,

- Kostenaspekte.

Beim Datentransfer werden sowohl lokale Netzwerke und Verbindungen als auch öffentliche Transportmedien benutzt. LAN's sind in der Regel deutlich leistungsfähiger als die überregionalen Netzwerke. Es gilt also, Übertragungsgeschwindigkeiten anzupassen und Datenumformungen durchzuführen. Das ISDN bietet nun „serienmäßig" eine deutlich höhere Transfergeschwindigkeit dank digitaler Technik als die heutzutage im Analognetz notwendigen Modems.

Die meisten Rechner besitzen eine V.24-Schnittstelle zur Datenübertragung im Analognetz. Sodann wurde die X.21-Schnittstelle zur Verwendung in digitalen Netzen entwickelt. Hierbei handelt es sich um serielle Datenübertragung. Beide Interfaces sind jedoch nicht für einen Direkt-Anschluß ans ISDN geeignet. Bevor nun die Rechner, allen voran die PC's, mit einer S_O-Standardschnittstelle für den ISDN-Anschluß ausgestattet sind, müssen zumindest vorerst andere Wege eingeschlagen werden. Es gibt sie auch, und zwar in zwei Alternativen:

1. die Terminaladaptoren und

2. die ISDN-Adapterkarten bzw. ISDN-Boxen.

Zu 1.) Die Hauptaufgabe dieser Adaptoren ist die Anpassung herkömmlicher Schnittstellen an die ISDN-Schnittstellen. Der Vorteil ist der, daß die vorhandene Hardware wie Multiplexer und die Software weiterhin genutzt werden kann. Der Hauptnachteil ist die Tatsache, daß die besonderen ISDN-Leistungsmerkmale nicht genutzt werden können.

Zu 2.) Hierbei wird der direkte Zugang zu ISDN ermöglicht mit dem gesamten ISDN-Leistungsspektrum, mit dem Nachteil, daß eine gewisse Beschränkung auf spezifische Rechnerarchitekturen gegeben ist.

Als sogenannte a/b-Schnittstelle existiert daneben noch die Zweidrahtschnittstelle des analogen Fernmeldenetzes.

Bild 6-1:
ISDN und konventionelle Endgeräte über TA's

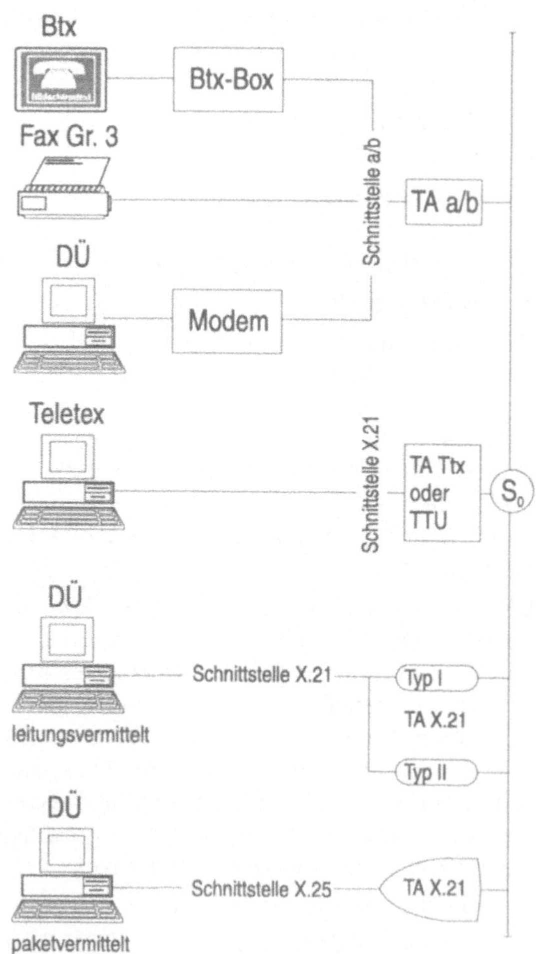

6.1   Terminal-Adapter und ISDN-Adapterkarten

6.1.1   Die Terminaladapter-Typen

Die wichtigsten verfügbaren Terminaladaptoren sind derzeit die folgenden:

TA a/b: diese Gruppe dient vor allem dem Anschluß aller Endgeräte, welche primär für den Analoganschluß konzipiert wurden. Dazu zählen:

- Faxgeräte der Gruppe 2 und 3,

- Modems,

- Btx-Endgeräte mit entsprechender Anschlußbox und

- das Analogtelefon und die Anrufbeantworter.

Zwei Grundfunktionen erfüllen diese Adaptoren:

1. die A/D-Wandlung, also die Analog-/Digital-Umsetzung und

2. die Signalisierungsanpassung.

Man spricht hierbei auch von Telefon-Emulationen. Dieser Typus wird also sicherlich bei fast allen Anwendern zum Einsatz gelangen, da die seitherigen Endgeräte nach Möglichkeit weiterhin genutzt werden sollen oder müssen.

TA X.21: Diese Terminaladaptoren gliedern sich in zwei Typen: Typ I und II. Damit werden verschiedene Übertragungsgeschwindigkeiten unterstützt: 2400, 4800, 9600 und 64000 bit/s. Es sind also sowohl Wählverbindungen als auch vorbestellte Dauerwählverbindungen schaltbar. Der Typus I wird für Datenendgeräte für den Anschluß ans Datex-L benötigt und der Typ II für alle anderen Endgeräte mit X.21-Interface. Hiermit sind Host-Verbindungen möglich, und zwar über die V.35/V.36-Schnittstellen.

TA X.25: Diese TA's werden für den Anschluß von Datenendgeräten mit X.25-Schnittstellen benötigt. Sie unterstützen also die paketvermittelnde Datenübertragung wie im Datex-P-Netz. Auch hierbei sind verschiedene Transfergeschwindigkeiten möglich sowie die Anbindung an Hostsysteme.

TA Ttx: Diese Adapter sind für den Einsatz von Teletex-Endgeräten und über den IDN-Anschluß von Telex entwickelt worden. Auch hier werden verschiedene Geschwindigkeiten unterstützt.

Die bereits angedeutete Signalisierungsanpassung ist eine sehr wesentliche Funktion dieser Geräte. Alle Steuerungssignale werden im ISDN bekanntlich über den D-Kanal abgewickelt. Die TA's übernehmen also eine Art Filterfunktion, indem sie die Signaldaten von den Nutzdaten trennen und am Zielort wieder in den Datenstrom einfügen. Daneben übernehmen diese Einrichtungen eine sogenannte Bitratenadaption, worunter man einfach eine Geschwindigkeitsanpassung zu verstehen hat. Dabei hat die CCITT in ihren Empfehlungen diese Adaptoren in Benutzerklassen eingeteilt, welche die Geschwindigkeiten und die Schnittstellen-Unterstützung klassifizieren.

6.1.2 ISDN-Adapterkarten und ISDN-Boxen

Die ISDN-Boards sind Steckkarten für die PC's, wie sie bereits für eine Vielzahl von Funktionen gebräuchlich sind. Das wichtigste dabei ist das Realisieren einer ISDN-Schnittstelle. Der PC kann damit praktisch zum multifunktionalen ISDN-Endgerät ausgebaut werden. Auf die notwendige Software wird im nächsten Kapitel eingegangen. Es gibt mittlerweile eine fast unüberschaubare Zahl von Adapterkarten mit Standardfunktionen wie Btx-Unterstützung, Telefax-Behandlung u.a. Welche Funktionen sollten nun ISDN-Boards abdecken? Hier eine Auflistung der wesentlichen Merkmale:

Merkmale

- **Rechnerkommunikation** entweder über die V.24-Schnittstelle oder über den internen Bus; die V.24-Ansteuerung ist wichtig für externe Boxen;

- **aktive Karten** mit eigenem Prozessor und Speicher oder **passive Karten**, welche den PC-Prozessor und dessen Speicher nutzen; die aktiven können das D-Kanal-Protokoll in den eigenen Speicher laden;

- **ISDN-Protokoll**-Unterstützung und **ISDN-Schnittstellenstandard**; hierbei kommt die CAPI zum Einsatz;

- **Integration** verschiedener Kommunikationsmöglichkeiten wie integriertes Modem, Telefonanschluß analog oder digital und Faxabwicklung;

- **Datenverdichtungsmöglichkeiten** hardwareseitig;

- Daten**chiffrierung**;

- **Kanalbündelung** zur Geschwindigkeitserhöhung.

Für den Anschluß von Laptops und Notebooks, welche in der Regel über keine Steckmöglichkeit von Karten verfügen, gibt es **externe Boxen** als separate Gehäuse. Diese sogenannten Pokketadapter können direkt an die V.24-Schnittstelle angeschlossen werden. Dabei sind sie so konstruiert, daß sie weitgehend von der Rechnerarchitektur unabhängig sind, im Gegensatz zu den Steckkarten.

Die Zusammenarbeit zwischen den ISDN-Steckkarten bzw. den Boxen und den PC-Applikationen setzt zunächst einen Kartentreiber voraus. Dabei übernimmt die Softwareschnittstelle CAPI (=Common-ISDN-API) wichtige Funktionen.

Bild 6-2:
PC -> CAPI -> ISDN-Karte

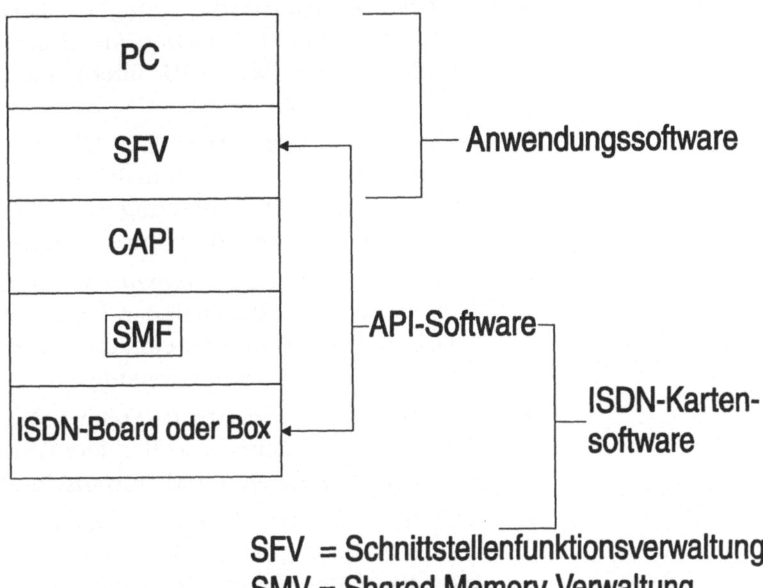

Ein Teil der angesprochenen Merkmale und Techniken wird später noch einmal näher untersucht, das geschieht sinnvollerweise am besten im Zusammenhang mit praktischen Einsatzmöglichkeiten. An dieser Stelle sind einige generelle Überlegungen angebracht, welche Verwendung für die Vielzahl an Adaptionsmöglichkeiten sinnvoll erscheint.

6.1.3   Überlegungen zum praktischen Einsatz

Da die Kommunikationsanforderungen aus den PC-Netzen heraus in Verbindung mit ISDN recht vielseitig sein können, gibt es auch keine alles abdeckende Standardlösung. Es muß vielmehr versucht werden, die voraussichtlich in Frage kommenden Anwendungen zu erkennen und zu erfassen. Erst dann kann man daran denken, für den eigenen praktischen Bedarf die möglichst passende Adaptionsform zu finden. ISDN wird in kaum einem Unternehmen an jedem Arbeitsplatz zur Verwendung kommen. Deshalb wird es auch nicht sinnvoll sein, jeden PC mit ISDN-Karten zu bestücken. Der PC könnte in der Ausbaustufe als eine Art „ISDN-Server" fungieren.

Eine Checkliste, die keinesfalls vollständig sein kann, soll zumindest für die Planung und die Konsolidierung eine Hilfestellung geben:

Checkliste

- *Welche Sachgebiete sind betroffen ?* Hier wird zunächst einmal festgehalten, in welchen Abteilungen bzw. bei welchen Arbeitsgruppen das ISDN überhaupt eine sinnvolle Verwendung finden könnte.

- *Sollen Einzelplatzrechner oder Netzteile an das ISDN angebunden werden ?* An einem PC-Arbeitsplatz, wo beispielsweise keinerlei Datenübertragung notwendig ist, wird man keine ISDN-Adapterkarten implementieren.

- *Welche Rechnertypen kommen in Frage ?* Eventuell sind aus technischen Gründen keine Adaptionen möglich, und das ISDN dient mit Hilfe von einfachen Terminaladaptern lediglich der reinen Datenübertragung.

- *Welche Dienste kommen in Frage ?* Man denke an die vielfältigen Möglichkeiten wie Btx, Fax Gruppe 3 oder 4, Telex, LAN-LAN-Kopplungen und Hostanschluß.

- *Soll das ISDN als Alternative oder Ausweichmöglichkeit für die Host-DÜ genutzt werden, und das vielleicht nur in Spitzenzeiten?* Bestehende Host-Datenfernübertragung wird in der Zukunft eventuell ganz oder nur teilweise über ISDN stattfinden.

- *Sollen einzelne PC's mit integriertem Telefon, Bildtelefon, Video etc. ausgerüstet werden ?* Computergestütztes Telefonieren oder Konferenzservice wird möglicherweise an dem einen oder anderen Arbeitsplatz notwendig werden.

- *sind genügend Ports für Mehrfach-DÜ vorhanden und notwendig ?* Bei S_{2M}-Anschlüssen können bis zu 30 Kanäle zugleich genutzt werden, daher könnte beispielsweise eine zeitweilige Kanalbündelung notwendig werden.

- *Gibt es für die gewünschten Funktionen einfach zu bedienende Software ?* In vernetzten PC's oder an Einzelarbeitsplätzen kommen verschiedene Lösungen in Frage.

- *Ist das Zusammenspiel zwischen Steckkarte, Treibersoftware und der Applikation gewährleistet ?* Hier muß man sich unbedingt davon überzeugen, am besten bei entsprechenden Installationen und mit Demos.

- Und nicht zuletzt: *Inwieweit harmonisieren die vorhandenen Betriebssysteme und die Netzsoftware sowie das ganze LAN mit ISDN-Anschlüssen ?* Unter Umständen lohnt es sich, für die ISDN-Kopplungen eigenständige und spezielle Lösungen anzustreben, als Beispiel „ISDN for Workgroups".

Alleine die Auswahl der angebotenen Adapterkarten und der Terminal-Adapter ist bereits reichlich unübersichtlich und erfordert eine eingehende Untersuchung, vor allem in bezug auf die angepeilten Einsatzmöglichkeiten.

Die Datenübertragungsprobleme sind selten alleine mit Software lösbar, genausowenig mit Hardware. Der richtige Mix macht´s.

Zwei generelle Denkansätze sollen hier noch eingestreut werden, die Vergangenheit und die Zukunft. Damit ist folgendes gemeint: Die vorhandenen Geräte können zumeist nicht alle auf einmal durch neue ersetzt werden, also sind zum Teil Übergangslösungen auf Zeit vorzusehen. Man wird also die Umstellung sinnvollerweise in Stufen und gruppenweise vornehmen. Auch sind die dabei gemachten Erfahrungen in solchen „Pilotanwendungen" für das weitere Vorgehen nicht zu unterschätzen. Zum anderen wird ein umsichtiger Planer der weiteren Entwicklung des Unternehmens und damit dem steigenden Kommunikationsbedarf Rechnung tragen. In vielen Fällen werden Improvisationslösungen auf die Dauer nicht befriedigend arbeiten. Umfassende und ausbaufähige Gesamtlösungen, gerade im Zusammenhang mit der Datenverarbeitungsentwicklung im Betrieb, sind langfristig der bessere Ansatz.

Vergangenheit und Zukunft

6.2   Fest- / Wähl- / semipermanente Verbindungen

Die Verbindungsarten im ISDN, welche bei der Datenübertragung genutzt werden können, sind in mehrere Gruppen einzuteilen. Je nachdem, welche Arten von Datenverbindungen benötigt werden, kommen dabei auch unterschiedliche Techniken oder Methoden zum Einsatz. Der Filetransfer in einem Unternehmen findet in diversen Varianten statt. Dabei gibt es eigentlich drei charakteristische Grundtypen:

Drei Grundtypen

- die Festverbindungen, auch Standleitungen;
- die Wählverbindungen und die
- semipermanente Verbindung, auch vorbestellte Dauerwählverbindung.

Die wesentlichen Unterschiede liegen in der *Art und Weise der DÜ*, in der *Dauer* bzw. den *Zeiträumen* der Übertragung, in der *Kanalbelegung* und natürlich nicht zuletzt in der *Kostenfrage*. ISDN bietet jedenfalls für alle Formen der Datenübertragung die passenden Wege.

Die **Festverbindungen** können weiter untergliedert werden in **Datendirektverbindungen** und **ISDN-Festverbindungen.** Eine Gemeinsamkeit ist hierbei vorhanden: die monatlichen Gebühren sind von zwei Faktoren abhängig:

- der Entfernung der beiden Endstellen und

- der genutzten Übertragungsgeschwindigkeit.

Die DDV sind fest durchgeschaltete Verbindungen zwischen zwei Endteilnehmern. Früher war diese Art von Datenverbindung bekannt als Standleitung. Diese permanent vorhandene Verbindungsart kann nun beispielsweise monatlich angemietet werden und steht damit quasi rund um die Uhr zur Verfügung. Dabei ist es gleichgültig, ob tatsächlich Daten gesendet werden oder nicht. Die angebotenen Transferraten liegen zwischen 1.200 bit/s und 1,92 Mbit/s. DDV sind über alle angebotenen Netztypen verfügbar, also digital und analog.

Die ISDN-Festverbindung ist ebenfalls eine feste Verbindung zwischen zwei Endteilnehmern. Auch hierbei spielt bei der Gebührenberechnung nicht das tatsächliche Datenvolumen eine Rolle, sondern ebenfalls die Entfernung und die vorhandene Übertragungsleistung (Kapazität). Entsprechend den Universalanschlüssen S_O und S_{2M} gibt es die S_{OFV} und die S_{2MFV}. Die einmaligen Bereitstellungsgebühren betragen derzeit DM 600,--, und zwar für <u>jedes</u> Ende.

Die **Wählverbindungen** sind zeitlich und zielgerichtet auf eine bestimmte Dauer beschränkt. Diese Verbindungsart ist also genau wie das normale Telefongespräch zu betrachten. Hierbei können die Endpartner laufend wechseln und genauso die Nutzungsdauer und Häufigkeit des Datentransfers variieren. In der Wählverbindung fallen die Gebühren demnach nach der tatsächlichen Nutzungsdauer, nach der Entfernung und nach der Uhrzeit an.

Wenn man die beiden Verbindungsarten vergleichen will, so hat das natürlich nur dann einen Sinn, wenn man denselben „Datenaustausch"-Partner miteinbezieht. Bei häufiger Datenübertragung an ein und dasselbe Ziel, jedoch nicht ständig, könnte also·eine Art Mischung aus Fest- und Wählverbindung genügen.

Es gibt diesen Mix in Form der **vorbestellten Dauerwählver-bindung** oder auch **semipermanenten Verbindung**. Hier handelt es sich um eine fest gemietete Standleitung, die zu vorher festbestimmten Zeiten geschaltet wird, also eine Festverbindung auf Zeit. Diese spezifische ISDN-Möglichkeit kann für viele Anwendungen interessant sein. Die Leitungsverbindung wird konstant aufrechterhalten, bei Nichtbenutzung jedoch deaktiviert. Der Neuaufbau des Aktivierens geht dann dabei deutlich schneller vonstatten, und die Kosten fallen nur bei tatsächlicher Benutzung an. Die Steuerung erfolgt dabei über den D-Kanal.

Anhand von typischen Anwendungsfällen können die drei Techniken am besten erläutert werden.

Beispiele

Eine Bank betreibt zusammen mit ihren Filialen während des normalen Arbeitstages den Online-Datenverkehr mit Bildschirmen und der zentralen Datenbank. Dabei müssen also mehrere Datenleitungen permanent durchgeschaltet sein. Hierbei wird also eine der Festverbindungsarten in Frage kommen.

Ein Softwarehaus versendet an seine Stammkunden alle paar Monate einige neu erstellte Softwareprodukte. Zu diesem Zwekke ist die Wählverbindung bestens geeignet (wechselnde Zielpartner, begrenzte Sendedauer und Sendezeit zum Beispiel nach 18.00 Uhr).

Die Niederlassungen einer Handelskette müssen jeden Abend nach Ladenschluß (z.B. ab 19:00) ihre Umsatzdaten an die Zentrale in der Stadt XY zur dort installierten Datenbank übertragen. Hier kann die semipermanente Verbindung genügen, indem die Leitungen zur Firmenzentrale jeden Abend von 19:00 bis 21:00 Uhr durchgeschaltet und quasi reserviert werden.

In der Praxis findet man nun natürlich alle denkbaren Varianten von Datenübertragungen vor. Hier bestimmen letztendlich die Applikationen die Auswahl des notwendigen Weges. Neben den Kosten spielt der Zeitfaktor die entscheidende Rolle. In Online-Anwendungen müssen bestimmte Daten eben sofort zur Verfügung stehen, und beim Übertragen von großen Datenbeständen können eventuell die preisgünstigen Nachttarife ausgenutzt werden.

6.3   Der Einsatz von Modems

Das Modem als Verbindungsglied zwischen heterogenen Welten (analog, digital) hat nach wie vor eine Bedeutung im Datenverkehr. Wie bereits erwähnt, dient das Modem (**Mo**dulation/ **De**modulation) dem Transformieren von digitaler Darstellung in analoge Impulse und umgekehrt. Solange ein Teilnehmer im Analognetz arbeitet, wird ein Modem notwendig. Das gilt auch für das ISDN insoweit, daß eben nicht jeder Teilnehmer einen ISDN-Anschluß besitzt. Über dieses Thema wurde bereits bei den Terminaladaptoren und den ISDN-Boards geschrieben.

Eine Datenübertragung erfolgt über das Modem sowohl duplex (also gleichzeitig in beiden Richtungen) als auch halbduplex (jeweils nur in eine Richtung). Die Modems bieten unterschiedliche Geschwindigkeiten, von 2400 bit/s bis zu 28.800 bit/s, wobei die sogenannten V.Fast-Modems noch nicht zur Standardreife gelangt sind. Der aktuelle Standard liegt bei 14.400 bit/s und ist damit verbreitet.

Da die Gebühren sich nach der Zeitdauer richten, nimmt die Übertragungsgeschwindigkeit logischerweise eine gewichtige Argumentation ein. Als Beispiel:

Eine Datei von 1 MByte benötigt bei 2400 bit/s runde 70 Minuten, bei 14.400 bit/s nur noch runde 12 Minuten. In Hostverbindungen mit entsprechend hohem Datenaufkommen ist die Geschwindigkeit neben der Zuverlässigkeit natürlich ein bedeutender Kostenfaktor. Dasselbe gilt für PC-LAN-File-Server-Verbindungen im LAN-WAN-LAN-Verkehr. Die Modems werden also nach Geschwindigkeitsklassen eingestuft.

Die Modems gibt es als separate Geräte und als Einbausteckkarten. Letztere sind in der Regel preisgünstiger, benötigen jedoch einen gewissen Installationsaufwand. Die Einzelgeräte wiederum sind leichter auswechselbar und verfügen über Kontrollampen zur Leitungsüberwachung und Fehleranalyse.

Ein sehr wichtiger Punkt ist folgender: beide am Datenverkehr beteiligten Modems müssen über dieselbe Geschwindigkeit verfügen und dasselbe Modulationsverfahren benutzen. Das ist zum Beispiel bei Auslandsverbindungen zu beachten. Es gibt nun auch Modems mit Geschwindigkeitsanpassungen, sie sind im Prinzip nur für Anwender interessant, deren Verbindungspartner unterschiedliche Geräte benutzen.

Externe Modems werden an die V.24-Schnittstelle des Rechners angeschlossen. Nicht vergessen darf man dabei, daß in jedem Falle eine entsprechende Kommunikationssoftware notwendig ist. Diese Software gehört allerdings heutzutage zum Standardlieferumfang und kann spezifisch zum Rechnertyp gewählt werden.

Modems werden sowohl von der DBP Telekom als auch von Privatfirmen angeboten. Sie müssen jedenfalls eine FTZ-Zulassung besitzen. (Inzwischen heißt das BZT = Bundesamt für Zulassung in der Telekommunikation).

Bei verschiedenen ISDN-Karten ist eine Modememulation integriert, so daß im Prinzip bei vernetzten PC's der Mischbetrieb Modem und/oder ISDN gewährleistet ist. Mit der entsprechenden Protokollsoftware gibt es keine grundsätzlichen Probleme.

Zu erwähnen wäre noch die Datenkomprimierung. In der Datenverarbeitung stellt sie ein seit langem praktiziertes Verfahren dar, um Speicherplatz bei großen Datenbeständen zu sparen. Dasselbe gilt erst recht bei der Datenübertragung, verdichtete Datenbestände sind schließlich schneller zu übertragen. In den meisten Modems finden hardwaremäßige Kompressionsverfahren statt. Daneben gibt es microcodegesteuerte Verdichtungsverfahren. Dieses Thema wird in 6.7 noch eingehender untersucht.

6.4   Channel-Bundling

Der Begriff kann mit Kanalbündelung übersetzt werden. Englische Synonyme sind Bandwidth on Demand oder auch Hyperchannelling. Doch was versteht man nun darunter?

Ein B-Kanal im ISDN besitzt die Eigenschaft, die Nutzdaten mit einer Leistung von 64 Kbit/s zu übertragen. Diese Zahl zeigt die maximal mögliche Transferleistung auf, also brutto. Durch die Protokolle in der Sicherungsschicht wird ein Teil davon verbraucht, so daß also netto noch 55-60 Kbit/s übrigbleiben. In vielen LAN-LAN-Verbindungen genügt diese Leistung schon nicht mehr, man denke an die Bildtelefon- und Videoverbindungen mit hohem Datenanfall, der zudem noch schnell zur Verfügung stehen muß.

Bei einem Basisanschluß gibt es bekanntlich zwei B-Kanäle. Der Grundgedanke ist der, nicht benutzte Kanäle wahlweise bei Bedarf dazuzuschalten, um die Datenübertragungsraten zu erhöhen. Bei einem PMX-Anschluß kann diese Rate theoretisch um den Faktor 30 erhöht werden. Man kann also die „Bandbreite" bei Bedarf erweitern.

Dynamische
Zuordnung

Nun funktioniert das Ganze nicht einfach nach der Methode „Ü-Leistung verdoppeln". Die Kanäle werden auch von anderen Anwendungen belegt. Es gilt also, freie Kanäle wahlweise dynamisch dazuzuschalten und bei Nichtbedarf wieder freizugeben. Die Kanäle arbeiten im Prinzip voneinander unabhängig, daher wird ein komplizierter Steuerungsmechanismus notwendig.

Es existieren inzwischen verschiedene Verfahren sowohl über ISDN-Karten als auch softwareorientiert, welche die bedarfsabhängigen Spitzen zu bestimmten Zeiten auf die Kanäle verteilen. Der Kartentreiber kann diese interessante Eigenschaft der Bandbreitenregelung übernehmen.

Wichtig ist dabei vor allem, daß die Bedarfsanforderungen von der Applikationsseite ausgehen. Wenn also die Kommunikationssoftware während der Datenübertragung feststellt, daß eine Datenhäufung entsteht, da der aktive Kanal die Quantität nicht mehr „verkraftet", können Signale gesendet werden, welche Zusatzwege aktivieren. Das ist ungefähr wie bei einer mehrspurigen Straße. Wenn die eine Spur in Zeiten hohen Verkehrsaufkommens nicht mehr ausreicht, so kann eine weitere Spur (falls vorhanden!) freigegeben werden.

Man kann hierbei von einer variabel gesteuerten Verkehrsflußregelung sprechen. Damit können schlußendlich auch freie Kanäle aktiviert werden, um Datenwarteschlangen abzubauen.

Technisch gesehen läuft das natürlich wesentlich komplizierter ab, als man es hier beschreiben kann. Für den Netzbenutzer ist das jedoch nicht so wichtig. Ein modernes ISDN-Netzwerkmanagement enthält derartige Funktionalitäten. Vor allen Dingen kann man am Bildschirm die aktuelle Kanalbelegung mitverfolgen, und die Datenengpässe werden permanent angezeigt.

Jedenfalls bietet diese Möglichkeit eine bessere Ausnutzung der vorhandenen Kapazitäten.

Bild 6-3:
B-Kanal-Bündelung
bei Bedarf

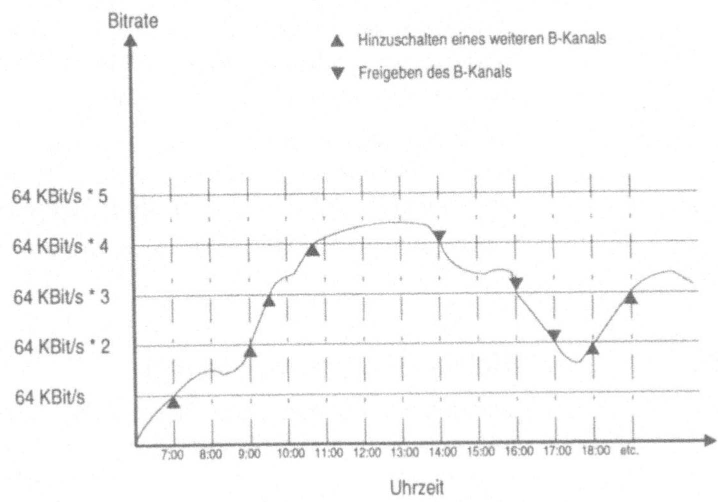

6.5 GBG's für DÜ

Die Möglichkeit der geschlossenen Benutzergruppe im ISDN
wurde bereits angesprochen. Dieses „Netz im Netz" ist ganz besonders für den Einsatz bei der Datenübertragung und der Datenfernverarbeitung interessant.

Über die DBP Telekom kann eine GBG beantragt werden. Zunächst einmal kostet das pro Monat zusätzliche DM 30,--. Und
was bringt das? Hierbei wird die Nutzung eines bestimmten
Dienstes auf eine vordefinierte Gruppe von Teilnehmern beschränkt. Ein- und ausgehende Verbindungen können damit nur
über und in einer festgelegten Anzahl von Endgeräteanschlüssen
erfolgen. Zusätzlich abgehende Verbindungen können allerdings
geschaltet werden. Die Notrufnummern im Telefonverkehr sind
dabei nicht betroffen.

Diese Einrichtung, die übrigens jederzeit neu konzipiert werden
kann, ist gerade im Datenverkehr in bezug auf Datensicherheit
sinnvoll. Bei ISDN-Wählverbindungen, in denen Datentransfer
stattfindet, wird dieser Dienst von den nicht beteiligten Endgeräten abgekoppelt. Der Datentransport und damit auch der Zugriff
auf eventuell sensible Datenbanken wird auf dazu berechtigte
PC's beschränkt. In der EDV-Praxis ist das ja auch durchaus üblich.

Auf solche Weise verbundene Teilnehmer besitzen dabei eine Art Festverbindungsstatus, in dessen Aktivitäten von außen niemand sonst eindringen kann. Wohl aber können die Teilnehmer nach außen Verbindung aufnehmen.

Auch im reinen Telefonverkehr können solche kleinen Kommunikationskreise gebildet werden, z.B. für Konferenzschaltungen, welche stets dieselben Teilnehmer zusammenführen.

Übrigens sind bis zu 100 GBG's pro Anschluß möglich, davon pro Dienst maximal 20.

6.6   Mobile DE (=Datenerfassung)

Die netzunabhänge Datenübertragung hat bis heute vor allem auf dem Gebiet der Datenerfassung Fuß gefaßt. Die direkte Datensammlung am Ort des Geschehens wird in der Zukunft mit Sicherheit an Bedeutung gewinnen. Die Erfassung von Daten war von jeher einer der Engpässe in der Datenverarbeitung. Zumeist müssen die Urbelege auf irgendeine Art und Weise, in der Regel per Tastatur, über Programme in die Datenbanken eingespeist werden.

Es gibt nun einige Möglichkeiten, um Daten aus der Ferne ohne den Direktanschluß im Computernetz zu übertragen.

Die Datenübermittlung per **Akustikkoppler** setzt ein Telefon voraus. Im übrigen funktioniert er ähnlich wie ein Modem. Der Akustikkoppler hat zwei Plastikmuscheln, welche direkt mit dem Telefonhörer verbunden werden. Er ist allerdings nicht hinreichend gegen Fremdgeräusche abgeschirmt, so daß Übermittlungsfehler auftreten können. Die Übertragungsgeschwindigkeit beträgt rund 300 bit/s, ist also auch nur für geringe Datenmengen ausreichend. Dennoch kann er auch über das ISDN arbeiten.

Der **Laptop** als tragbarer PC besitzt eine eigene Stromquelle in Form eines Akkus. Ansonsten bietet er bis auf verschiedene Steckmöglichkeiten die wesentlichen Funktionen wie jeder PC. Man kann dieses Gerät problemlos in einem LAN anschließen oder aber zumindest direkt mit dem stationären PC koppeln. Damit wird der Laptop ein vollwertiges ISDN-Endgerät, auch wenn er keine eigenen ISDN-Adapterkarten besitzt. Dieses Manko wird sich mit den PCMCIA-Karten ganz sicher noch ändern. Als Datenquelle für das Übertragen auf Großrechnerspeicher und auf LAN-File-Server hat er sich bereits bestens bewährt. Was genauso bedeutend ist: man kann auch umgekehrt Daten von Datenbanken „herunterladen".

Das **Mobiltelefon** wurde ebenfalls bereits erwähnt. In Verbindung mit dem sich im Aufbau befindlichen E-Plus-Netz und dem MODACOM-System der DBP Telekom wird die Datenübertragung, zumindest in eine Richtung über das Handy, eine völlig neue Dimension eröffnen. Der Datentransfer in umgekehrter Richtung ist noch nicht sehr verbreitet. Dennoch werden mobile Terminals gerade im Außendienst das künftige Rückgrat der Datenfernübertragung bilden. Derzeit gibt es noch keinen Direktanschluß an das ISDN, aber über Datex-P bzw. X.25-Schnittstellen ist die Verbindung realisierbar.

6.7   Kompression / Chiffrierung

Die Verdichtung von Daten hat im wesentlichen drei Effekte:

- man spart Speicherplatz bei der Datenhaltung,

- damit können bei der DÜ Gebühren und Zeit eingespart werden, und

- die Daten sind auf eine gewisse Weise chiffriert.

Die **Datenkompression** soll an einem einfachen Beispiel, einem gewöhnlichen Brieftext, erläutert werden. Rein rechnerisch kann eine DIN-A4-Seite rund 5.760 Zeichen aufnehmen (Bei 10 Zeichen pro Zoll und 72 Zeilen pro Blatt). Kein Mensch wird dies allerdings tun. In Wirklichkeit gibt es in einem Brieftext jede Menge Leerstellen und auch einige Leerzeilen. Nun ist es die reine Speicherplatzverschwendung, wenn man für eine solche Seite soviele Speicherstellen reserviert. Man kann die Leerzeilen eliminieren und stattdessen zum Beispiel einen 3-stelligen Zähler abspeichern. Dieser Zähler beinhaltet nun die Anzahl Leerstellen, die auf das letzte „echte" Zeichen folgen. Beim Entdichten wird dieser Zähler interpretiert und die entsprechende Anzahl Leerzeichen in den anzuzeigenden Text wieder eingefügt. Es leuchtet ein, daß man auf diese Weise viel unnötigen Speicherplatz einsparen kann. Das beschriebene Beispiel ist relativ einfach, es dient lediglich dem Grundverständnis. Es gibt komplizierte mathematische Methoden, speziell für das Verdichten von Grafiken usw.

Genauso kann man bei anderen Datenhaltungsverfahren vorgehen. Das digitale Abspeichern von Grafiken, Bildern und Videosequenzen bedeutet bekanntlich einen ungleich größeren Bedarf an Speicherplatz. Daher werden praktisch bei allen nur denkbaren Speichertechniken unterschiedliche Kompressionsverfahren genutzt.

Es werden zwei prinzipielle Methoden angewendet: zum einen die Verdichtung bereits auf der PC-Karte und zum anderen Software-Methoden. Welche Methode dabei zum Einsatz gelangt, ist für den Normalanwender ziemlich unerheblich. Man muß eventuell nicht alle Daten verdichten, schon gar nicht nach derselben Technologie. Also kommen Individuallösungen per Programm in Betracht. Das Ent- und Verdichten kostet nämlich auch eine gewisse Laufzeit. PC-Boards mit integriertem Kompressionsverfahren setzen einen eigenen Prozessor voraus, also kommen dabei nur aktive Karten in Frage. Bei sensiblen Anwendungen wird man eventuell selbstentwickelte Verfahren einsetzen. Allerdings muß der Gegenpart dieselbe Technik anwenden.

Hier sollen lediglich die Möglichkeiten aufgezeigt werden, da dieses Thema im Zusammenhang mit dem Filetransfer eine Bedeutung innehat. Man muß an das Kompressionsverfahren einige Anforderungen stellen:

Anforderungen an das Kompressionsverfahren

- Schnelligkeit (gerade bei Online-Anwendungen wichtig),

- Sicherheit in der Umsetzung,

- Eindeutigkeit bei der Chiffrierung und Decodierung,

- An- und Abschaltung der Kompression wahlweise.

Die **Chiffrierung** von vertraulichen Daten ist nicht nur innerhalb der EDV-Datenhaltung von Bedeutung. Auf dem Weg über Netzwerke und gerade in öffentlichen Netzen gibt es eine Reihe von Anzapfmöglichkeiten, auch wenn dies die Hersteller nicht gerne hören. Selbstverständlich werden in jedem vernünftigen System und in jedem Netz Vorkehrungen getroffen, um die Daten „gesichert" zu transportieren. Dennoch können Daten in die falschen Hände geraten. Dieses Thema ist so alt wie die Kommunikation selbst.

Zur Verschlüsselung von Daten gibt es ebenfalls eine Reihe von Techniken und Methoden, wobei häufig firmenspezifische Lösungen anzutreffen sind. Die Hersteller von Computersystemen, Softwaretechniken und Netzwerkkomponenten sind auf diesem Gebiet durchaus in der Lage, gewisse Standardlösungen anzubieten. Unter Umständen sind jedoch Eigenentwicklungen sicherer, da man die Programme zur Ver- und Entschlüsselung von vorn herein nur an ausgewählte Personen und Geschäftspartner geben sollte.

Zum Thema „Sicherheit" werden im nächsten Unterkapitel noch einige Denkanstöße fixiert. Gerade die Datenübertragung über verschiedene Netz-Teil-Wege bietet dazu Anlaß.

6.8   Datensicherung / Schutzvorkehrungen / Sicherheitsaspekte

Neben den technischen Möglichkeiten der Sicherheitsvorkehrungen wird man immer auch organisatorische Aspekte mitberücksichtigen können und müssen.

Im Grunde beginnt es damit, welcher Personenkreis an welchem Endgerät womit was tun darf. Es würde zu weit führen, alle nur erdenklichen Sicherheitmaßnahmen detailliert zu erörtern. Dennoch gibt es grundsätzliche Gesichtspunkte, die zumindest stichwortartig dargelegt werden sollten:

Grundforderungen

- das Abschließen von Räumen,

- der kontrollierte Zutritt von Personen,

- das Abschließen der Endgeräte,

- das Inaktivieren von Netzen und Netzteilen,

- das Verschließen von Datenträgern,

- der Zugang zum Computer muß geregelt werden,

- der Anschluß von Laptops, Notebooks etc. muß geregelt werden,

- das Einführen von Identkarten an den Geräten und PIN-Nummern,

- das Einloggen mit User-Id und Passwörtern muß protokolliert werden,

- der Zugriffsschutz zu bestimmten Daten muß gewährleistet sein,

- das Aktivieren bestimmter Programme muß limitiert bleiben,

- das Verlassen von Personen mit Geräten und Datenträgern muß kontrollierbar sein,

- das Protokollieren aller Netzaktivitäten mit Kontrollen ist erforderlich,

- die Fileserver müssen besonders geschützt werden,

- die Betriebssicherheit der Systeme bedingt Vorsorgemaßnahmen,

- der Ausfall von Komponenten muß durch Alternativen im Netz gesteuert werden können,

- die Datensicherung im Sinne der EDV muß „wasserdicht" sein,

- das Personal muß geschult werden, um Fehlbedienungen zu vermeiden,

- die Datenübermittlung muß fehlerfrei ablaufen,

- die Vollständigkeit und Konsistenz der Datenhaltung muß gewährleistet sein,

Viele der Anforderungen sind in einem gut durchorganisierten Kommunikationssystem selbstverständlich und teilweise automatisiert. Viele Anforderungen werden bereits durch die Betriebssysteme, Netzsoftware und Middleware abgedeckt. Eine Reihe von Maßnahmen sind applikationsspezifisch regelbar und somit in der Individualsoftware realisierbar. Mancher Aspekt jedoch kann nur durch organisatorische Vorkehrungen geregelt werden. Sicherheit kostet Geld: keine Sicherheit kann wesentlich mehr kosten.

Auch der Totalausfall der Rechnernetze infolge Brand und dergleichen und der Datenverlust in mannigfaltiger Form muß einkalkuliert werden. Bei Schäden jeder Art entstehen nicht nur materielle Einbußen, unter Umständen sind die Folgeschäden durch Betriebsstörungen weitaus größer.

Jedenfalls sind Sicherheitsmaßnahmen zwar nicht populär, aber um so notwendiger.

Für die Sicherheit im ISDN bürgt die DBP Telekom, soweit es ihren Bereich betrifft. Für unberechtigte Nutzung und Falschnutzung muß der Endanwender selbst haften.

7 Der PC als multifunktionales ISDN-Endgerät

In diesem Kapitel werden zum einen die Geräte und deren Funktionen vorgestellt und zum anderen die Anforderungen an die Arbeitsplätze untersucht. Einige wichtige Schnittstellen verdienen genauso gesonderte Beachtung wie die Netz-Software im Zusammenhang mit ISDN-Lösungen. Es liegt in der Natur der Sache, daß der theoretische Bezug und die praxisorientierten Belange zum Teil kollidieren. Das ist allerdings unvermeidlich und durchaus gewollt. Man muß die Gesamtproblematik aus verschiedenen Perspektiven betrachten. Die Methode Kochbuch „Man nehme ..." ist sicherlich nicht erfolgversprechend. Die bloße Existenz des ISDN und der PC-Vernetzung nutzt reichlich wenig, wenn man nicht versucht, den Bezug zum eigenen und speziellen Bedarf zu finden. Aufbauend auf dieses Kapitel werden im Kapitel 8 eine Reihe von Lösungsmodellen und Praxisbeispielen expliziert.

Der PC wird jedoch immer wieder im Mittelpunkt stehen. Die allgemeine Verbreitung dieses „Universal"-Gerätes und dessen Akzeptanz ist gegeben. Hinzu kommt noch die Tatsache, daß der PC seine Dienste in allen Bereichen zur Verfügung stellen kann. Er wird sowohl privat als auch geschäftlich genutzt. Und das gilt in der Tat für jede Unternehmensgröße. Die Segnungen der EDV und die Leistungen der Computer sind dank kontinuierlicher Weiterentwicklung und Bedienungsverbesserung längst nicht mehr nur von hochspezialisierten Fachleuten nutzbar. Der Arbeitsplatzcomputer bildet mittlerweile ein zentrales Werkzeug in nahezu allen Berufs- und Tätigkeitsbereichen.

Die „Multifunktionalität" des Personal Computers macht ihn also zum idealen Endgerät bei der ISDN-Nutzung. Der Begriff „Endgerät" ist eigentlich in diesem Zusammenhang nicht korrekt. Man sollte vielmehr von einem „Zentralgerät" sprechen. Der PC übernimmt sehr viele Steuerungs- und Verwaltungsfunktionen. Man kann schon fast euphorisch behaupten, daß die ISDN-Angebote und -Möglichkeiten erst mit dem sinnvollen und zweckmäßigen Einsatz des PC ökonomisch nutzbar werden. Dieser Aspekt bildet den „roten Faden" durch dieses Kapitel.

Bild 7-1:
Der PC als
ISDN-Endgerät

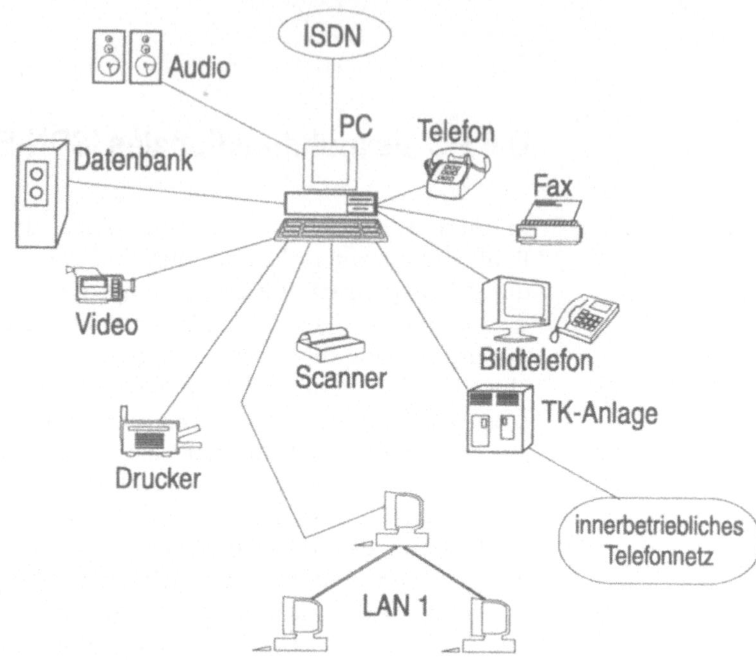

7.1   ISDN-Endgeräte

Doch nun zunächst einmal zu den einzelnen Endgeräten. Sie alle stehen für sich alleine genommen für einen ganz bestimmten Nutzwert der ISDN-Netzangebote.

7.1.1   Telefon und Anrufbeantworter

Um die Möglichkeiten des ISDN voll auszunutzen, benötigt man ein digitales ISDN-Telefongerät. Dieses bietet zusätzlich einige Funktionstasten sowie vor allem ein, eventuell mehrzeiliges, Display. Ein Analogtelefon kann ohne weiteres ebenfalls ans ISDN angeschlossen werden, wie bereits früher erwähnt, mit Hilfe eines Terminaladapters a/b. Dieser Adapter wird einfach zwischen Telefon und Dose eingesetzt.

Die ganze Bandbreite der spezifischen ISDN-Leistungsmerkmale kann nun nicht unbedingt von allen Geräten erreicht werden. Die Ausstattung der Geräte ist, wie immer, unterschiedlich. Man muß sich vor dem Kauf und der Installation die Geräte vorführen lassen, nicht jede Funktion ist auch an jedem Arbeitsplatz unbedingt sinnvoll und notwendig.

Die Funktionen der Anrufbeantworter, welche häufig in einem Gerät untergebracht sind, sind in Prinzip dieselben. Auch im ISDN ist selbstverständlich die Fernabfrage und das Fernlöschen mit den entsprechenden Handsendern möglich.

Der Anschluß des Telefons an den PC eröffnet noch ganz neue Möglichkeiten. Dazu wird die V.24-Schnittstelle des PC mit der X-Schnittstelle am Telefon verbunden. Eine Verbindung zum selben Partner kann dabei dann zweigleisig erfolgen: einmal die Sprachverbindung und gleichzeitig eine Datenverbindung. Mit Hilfe von Kommunikationssoftware kann die Bedieneroberfläche des Telefons am Bildschirm emuliert werden und ermöglicht somit das Telefonieren mittels Tastatur oder Maus. Dabei können gespeicherte Telefonummern direkt zum eigentlichen Wahlvorgang genutzt werden. Das ist bequem und verhindert Tippfehler beim Wählen und hilft damit, Falschverbindungen zu vermeiden.

Das computerunterstützte Telefonieren (CBT) bietet eine Reihe von Vorteilen. So wird beispielsweise die Rufnummer des Anrufenden am Bildschirm eingeblendet und kann bereits vor oder während des Gesprächs dazu benutzt werden, die Adressdaten und andere Datenbankinformationen des Gesprächspartners sichtbar und änderbar zu gestalten. Man kann sich dabei bereits jetzt die Möglichkeiten und Qualitätsverbesserungen sowie Zeitersparnisse in vielerlei Applikationen vorstellen. Der programmgesteuerte Dialog mit dem Computer mittels synthetischer Sprachausgabe am Beispiel Bankkontoauskunft kann mittels ISDN-Telefon und bestimmter Tastenkombinationen durchgeführt werden.

7.1.2   ISPBX als TK-Anlage

Die Telekommunikationsanlage ist in Mittel- und Großunternehmen seit langem Bestandteil bei der Telefonvermittlung. Diese hat hauptsächlich die Funktion, die Nebenstellen, also die Arbeitsplatztelefone, zu vernetzen und mit dem öffentlichen Netz zu verbinden. Das funktioniert in beiden Richtungen. Eine amtsberechtigte Nebenstelle kann mit Hilfe einer bestimmten Ziffer oder Taste eine Amtsleitung anfordern und somit extern telefonieren. Genauso kann ein Anrufer von außen, sofern er die Nebenstellennummer weiß, per Durchwahl direkt zu dem gewünschten Gesprächspartner durchschalten. Deshalb heißen die TK-Anlagen eigentlich Nebenstellenanlagen. Der Fachbegriff dafür ist PABX = Private Automatic Branch Exchange.

Bei einer ISDN-TK-Anlage spricht man von ISPBX = Integrated Services Private Branch Exchange. Damit wird klar, daß die Sprachintegration mit der Datenintegration und der Textübermittlung gemeint ist. Diese Zentralstationen sind mittlerweile nicht nur für die Telefonvernetzung geeignet, man kann auch Computer damit vernetzen. Das ist allerdings nur bei relativ geringem Datenaustausch zu empfehlen. Die LAN's auf PC-Basis sind da deutlich leistungsfähiger. Allerdings kommt ganz sicher der Zeitpunkt, wo derartige TK-Anlagen direkt über PC's mit der entsprechenden Softwaresteuerung gekoppelt sind oder gar in einem Netzwerk und Gehäuse.

Der Anschluß von TK-Anlagen erfolgt sinnvollerweise über S_{2M}-Schnittstellen. Die Verwaltung von bis zu 30 Verbindungen oder ein Mehrfaches davon wird dabei von der TK-Anlage übernommen. Natürlich wird die Dame in der Telefonzentrale auch weiterhin ihr Tätigkeitsfeld beibehalten, nur hat sie es wesentlich leichter. Neben der Funktion als Kontaktperson der Firma von und nach außen übernimmt sie noch gewissermaßen eine Operatorfunktion.

7.1.3   Bildtelefon

Das Bildtelefon stellt eigentlich eine Kombination zwischen dem akustisch orientierten Telefon und einer Videokamera-Monitor-Station dar. Das heißt, neben dem gesprochenen Wort können sich die Gesprächspartner gleichzeitig sehen, im Bewegtbild. Dabei können natürlich auch Gegenstände oder anderes dem jeweiligen Verbindungspartner gegenüber gezeigt werden. Wort und Bild können bereits am Basisanschluß über die beiden B-Kanäle getrennt übermittelt werden. Die Kosten für die Verbindung ist derzeit allerdings genau doppelt so hoch.

Die Anzahl der übertragenen Bilder betragen 10 pro Sekunde, zum Vergleich: beim normalen Fernsehen sind es 25. Üblicherweise genügt das, da sich die Bewegungsabläufe dabei im Vergleich zum Videofilm recht langsam gestalten. Bei künftigem Einsatz unter Breitband-Bedingungen wird sich die Qualität deutlich verbessern. Für den Einsatz des Bildtelefons besteht bis heute noch kein sehr großer Bedarf. Hinzu kommt, daß diese Geräte noch reichlich teuer sind. Die DBP Telekom unterhält allerdings Pilotprojekte zur technischen Erprobung und Verbesserung. Anmerkung: beim Bildtelefonieren wird der ganze Basisanschluß belegt, da beide B-Kanäle reserviert werden.

Das Bildtelefonieren kann ebenfalls PC-unterstützt erfolgen, allerdings sind die notwendigen Softwarepakete und Adapterkarten noch nicht für einen breiten Einsatz geeignet. Mehr dazu beim Thema Multimedia.

7.1.4   Faxgeräte

Das Telefax oder Faksimile, auch Fernkopie genannt, funktioniert über den ganz normalen Telefonanschluß. Mit diesem Gerät kann man gewissermaßen seine Briefe und Dokumente per Telefon versenden und empfangen. Beim Absender wird das Original, üblicherweise im A4-Format, in das Gerät eingelegt und ein ganz normaler Wählvorgang eingeleitet. Bei Zustandekommen einer Verbindung wird dieses am Display signalisiert und gleichzeitig die Zielrufnummer angezeigt. Zeitgleich erhält der Empfänger eine abbildgetreue Kopie auf seinem Gerät, und er kann umgehend in der gleichen Weise schriftlich antworten.

Das Gerät arbeitet entweder mit Normalpapier oder aber Thermopapier. Letzteres ist im Verbrauch teuer, dafür jedoch das Gerät preisgünstiger. Der Anschluß kann derselbe sein wie das Normaltelefon. Bei kombinierten Geräten erkennt das Gerät an einer zuvor gesendeten Kennung, ob es sich um ein Telefongespräch oder ein Fax handelt. Wenn man irgendwo anruft, wo momentan ein Fax unterwegs ist, so hört man einen gleichbleibend hohen Piepton. In einem Unternehmen besitzt das Faxgerät zumeist eine eigene Nebenstellennummer. Die Verkehrskosten sind genau wie im Telefonverkehr zu berechnen.

Was in diesem Zusammenhang wichtig ist, ist die Existenz von zwei verschiedenen Faxgruppen:

- die Gruppe-3-Faxgeräte arbeiten analog und dementsprechend langsam;

- die Gruppe-4-Geräte funktionieren auf digitaler Basis und sind somit für den ISDN-Verkehr geeignet.

Der Einsatz von Gruppe-3-Faxgeräten über ISDN, wie sie derzeit am meisten verbreitet sind, erfolgt auch über einen a/b-Terminaladapter. Die Gruppe-4-Geräte sind um den Faktor 5 schneller als die Gruppe-3-Geräte, jedoch erheblich teurer. Man kann hoffen, daß dies sich bei weiterer Verbreitung noch ändert. Die digitalen Faxgeräte besitzen Laserqualität und arbeiten mit Normalpapier. Es gibt bereits Geräte, die zugleich als Scanner und Drucker einsetzbar sind.

Das Faxgerät kann nun wieder ebenfalls mit dem PC gekoppelt werden. Dies erfolgt über die RS-232-C-Schnittstelle am Faxgerät mit der V.24-Schnittstelle am PC. Das hat den Vorteil, daß man direkt aus dem PC heraus faxen kann, ohne zu drucken, und umgekehrt Faxe empfangen kann, die der PC direkt abspeichert. Auch dieser Aspekt verspricht für manche Anwendung einige neue Impulse, so daß in 7.3.1 darauf noch näher eingegangen wird. Die Schnittstelle APPLI/COM wird ebenfalls separat beschrieben, sie kommt unter anderem im Zusammenhang mit PC und Faxdiensten direkt aus der Anwendung heraus zum Einsatz.

7.1.5   Netzdrucker

Die unterschiedlichen Drucker im LAN sind eigentlich keine ausgesprochenen ISDN-Endgeräte, sie können jedoch als solche genutzt werden. Es gibt sie als

- Nadel- oder Matrixdrucker,

- Tintenstrahldrucker,

- Laserdrucker und

- Kettendrucker.

Je nachdem, wofür sie hauptsächlich eingesetzt werden, wird dabei die technische Ausrüstung gewählt. Die Drucker im Netzwerk sind punktuell ansteuerbar, das heißt also, von bestimmten PC-Servern aus. Dabei teilen sich in der Regel mehrere PC-Nutzer einen bestimmten Drucker. Und es ist im Netz durchaus normal, daß ein PC-Anwender in einer bestimmten Abteilung den Druck-Output zunächst auf einem File-Server abspeichert, von dort aus wird dann in einer ganz anderen Abteilung der eigentliche Druck abgerufen.

Angenommen, ein Anwender startet eine Anfrage an eine entfernt aufgestellte Datenbank über das ISDN, und an seinem PC ist kein lokaler Drucker angeschlossen: die Antwortdaten erscheinen am Bildschirm, und bei Bedarf kann er den seiner Arbeitsgruppe zugeordneten Netzdrucker für den eigentlichen Druck aktivieren. Der Drucker muß dabei nicht direkt an einem PC mit ISDN-Anschluß angekoppelt sein. (Damit wird wieder einmal vorgegriffen auf spätere Themen: nicht jeder PC muß zwingend mit einer ISDN-Karte ausgerüstet sein).

Ein Drucker kann nicht direkt an das ISDN angeschlossen werden, wohl aber über den „Umweg" PC.

7.1.6   File-Server

Ähnliches gilt für die eingesetzten File-Server oder Datenbankserver. So ein Datenserver ist ein dediziert eingesetzter PC mit hoher Leistungsfähigkeit, welcher sogar ohne Bedienungspersonal auskommt. Er arbeitet gewissermaßen im Hintergrund. Dieses „Dienstleistungsgerät" übernimmt also Datenhaltungs- und Datenauskunftsfunktionen, welche in irgendeiner Art und Weise an ihn herangetragen werden.

In aller Regel werden diese Arbeitsaufträge per Programm ausgelöst und erzeugen Datenzugriffe. Beim Filetransfer über das ISDN kann nun dieser Server als Zielstation benutzt werden, um die übertragene Datei zentral abzuspeichern. Es ist ja durchaus denkbar, daß auf diese Daten später von verschiedenen PC's aus zugegriffen werden muß. Die ISDN-Datenübertragung ist also nicht nur auf die lokale Platte des Auslöser-PC's angewiesen, sondern kann die Daten per Softwaresteuerung direkt zum Zielserver leiten. Auch hierbei handelt es sich um einen ganz normalen Vorgang in einem Netzwerk. Genauso fungiert der File-Server als Datenquelle für allfällige ISDN-Datenübertragungen.

7.1.7   Telex, Teletex

Der Telex- oder Fernschreibservice gehört neben der Telegrafie auf Morsebasis zu den dienstältesten Telekommunikationsdiensten weltweit. Die wesentlichen Merkmale des Telex sind:

- hohe Zuverlässigkeit,

- hohe Rechtssicherheit infolge speziellem Dienstprofil und

- große internationale Reichweite.

Die Übertragungsgeschwindigkeit beträgt konstant 400 Zeichen pro Minute, das entspricht einer Bitrate von 50 bit/s. Gearbeitet wird mit dem ITA Nr.2 (Internationales Telegrafen-Alphabet Nr. 2), das neben den 26 Buchstaben ohne Umlaute noch die zehn Ziffern und einige wenige Sonderzeichen zuläßt. Es wird entweder Groß- oder Kleinschreibung benutzt. Dadurch entstehen in der Regel anspruchslose und einfache Texte für Nachrichten mit prägnant kurzem Stil. Ähnlich wie bei einem disziplinierten Funkkontakt beschränkt man sich dabei auf das Wesentliche. Die Übertragungszeiten werden in der Regel trotz der geringen Sendeleistung akzeptabel kurz.

Die Nachricht erscheint beim Empfänger quasi zeitgleich direkt auf dem angeschlossenen speziellen Telexdrucker. Ist der Drukker, aus welchem Grund auch immer, nicht empfangsbereit, so gibt es eine Rückmeldung zum Absender. Diese Einrichtung macht das Telex gewissermaßen extrem manipulationssicher, so daß Nachrichten mit Telex einen rechtlichen Sonderstatus mit Dokumentencharakter haben. Bestimmte Grunddaten wie Datum, Uhrzeit, Absendernummer und Kurzwahlname sowie dieselben Daten des Empfängers werden zur Nachricht „dazugeneriert", und damit wird eine Telexnachricht im Prinzip fälschungssicher.

Mit einer entsprechenden PC-Karte und der passenden Software kann man direkt aus einer Anwendung heraus problemlos Telexnachrichten versenden. Die notwendigen Endgeräte sind weltweit genormt, was leider immer noch die Ausnahme ist. Sehr wichtig ist die Tatsache, daß eine Telexverbindung dialogfähig ist, das heißt also, es wird bei der Rückantwort kein neuer Verbindungsaufbau notwendig.

Das Teletex im IDN wird mittlerweile nicht mehr angeboten. Dennoch bleibt der Teletex-Service weiterhin interessant, da es immer noch eine Vielzahl von Anschlüssen gibt. Dieser Service ist weiterhin über Datex-L verfügbar. Der Teletexdienst ist gut für die Übersendung von standardisierten Formularen geeignet und kann unter Einbezug des ISDN rund 10 DIN-A4-Seiten in 8 Sekunden übermitteln. Im herkömmlichen IDN dauert dasselbe etwa eine Minute. Über den TTU sind Telex und Teletexdienste unmittelbar zu koppeln.

Durch das Vordringen von Mailservices und vor allem des Faxdienstes wird Teletex in absehbarer Zeit keine sehr wesentliche Bedeutung mehr haben.

7.1.8   Video-Anlagen

Das Bildtelefon kann mit zusätzlichen Kameras und Videodrukkern erweitert werden. Eine sogenannte Dokumentenkamera wird dabei fest installiert und kann bei Bedarf Unterlagen und Gegenstände auf dem Monitor des Partners visualisieren.

Die DBP Telekom betreibt seit längerem das VBN (=Vorläufer-Breitband-Netz). Dessen Übertragungsleistung von 140 Mbit/s übersteigt damit natürlich die im S-ISDN vorhandene Leistung von maximal 2 Mbit/s bei weitem. Dennoch wurden auch bei der Bewegtbildübertragung, beispielsweise für Videokonferenzen, in diesem Leistungsbereich zufriedenstellende Ergebnisse erreicht. In einem Basisanschluß wird die Videotechnik keine besondere Bedeutung einnehmen. Das leuchtet ein, da die Bandbreite für diese Technik mit extrem hohen Datenraten einfach nicht ausreicht. Zudem funktioniert die Videotechnik nur auf Glasfaserbasis mit akzeptabler Leistung.

In LAN's auf der Basis von beispielsweise Ethernet im Inhouse-Bereich wird die Videotechnik allerdings in vielen Großfirmen praktiziert. Dennoch sind Konferenzschaltungen zwischen zwei lokalen Konferenzen über das ISDN mittels Bildtelefon sehr sinnvoll kombinierbar. Es genügt häufig, gewisse Zwischenergebnisse mittels der „statischen" Kamera zu übermitteln. Im Zusammenhang mit Multimedia-Anwendungen unter PC-Steuerung werden auch Video-Einsätze in absehbarer Zeit an Bedeutung gewinnen.

7.1.9   Btx-Endgeräte

Der Bildschirmtext (Btx) wird mittlerweile unter dem Begriff Datex-J geführt. In Kap. 4.3 wurde der Btx in seinen Grundzügen vorgestellt. Ursprünglich war der Bildschirmtext auf einem ganz normalen Fernsehapparat zu empfangen. Ein zusätzlicher Btx-Decoder mußte zwischen das Empfangsgerät und den Telefonanschluß geschaltet werden. Mit einer zusätzlichen speziellen Tastatur war auch die aktive Teilnahme am Btx möglich. Für professionelle Anwender wurde ein spezielles Telefon mit Btx-Integration entwickelt, das Multitel. Mit diesem Gerät, das mit Tastatur und Bildschirm ausgestattet ist, ist das Arbeiten mit dem Bildschirmtext wesentlich vereinfacht worden. Dabei handelt es sich um einen speziellen Btx-Arbeitsplatz, wobei das Telefon natürlich eine unabhängige Vollfunktion innehat. Ein Fernsehanschluß mit Antenne etc. ist damit nicht mehr notwendig. Die Auflösung eines Multitel-Bildschirms ist wesentlich besser als die, technisch bedingten, Grafikmöglichkeiten am Fernsehapparat.

Wer allerdings im analogen Telefondienst schon einmal mit Btx gearbeitet hat, weiß um einige Unzulänglichkeiten. Abgesehen von internen und organisatorischen Verbesserungen seitens des Btx-Angebots und der Btx-Rechner tritt hierbei ganz besonders deutlich das Manko der Übertragungsraten auf. Der Verbindungsaufbau ist relativ langsam und das Anzeigen einer Btx-Seite am Schirm, also der Bildmaskenaufbau, gestaltet sich im „Schneckentempo". Für viele private Zwecke sind diese Fakten vielleicht nicht gravierend, in der geschäftlichen Anwendung jedoch sieht das anders aus. Der Zeitfaktor und die Bildqualität haben unter anderem einen großen Einfluß auf die Akzeptanz beim Teilnehmer.

Eine Btx-Anwendung über ISDN ist alleine schon für manche Betreiber Grund genug, auf ISDN umzusteigen. Die Aufbaugeschwindigkeit und die Bildqualität haben sich schon alleine durch die digitale Technik wesentlich verbessert. Natürlich wurden auch Verbesserungen seitens der DBP Telekom in den Btx-Rechnern und der dort benutzten Software vorgenommen. Jedenfalls ist der Datex-J-Service „erwachsen" geworden und als vollwertige Kommunikations-Teil-Einrichtung in die Belange der professionellen Informationsverarbeitung integrierbar.

Wiederum kann der PC mit hochauflösenden Grafikdarstellungen sowohl hardware- als auch softwareseitig den Btx-Nutzen deutlich verbessern. Hinzu kommen die Speichermöglichkeiten, die Textaufbereitungssoftware und die Entwicklungsmöglichkeiten für Grafiken. Die später im Btx-Service anzuzeigenden Seiten werden zunächst am PC lokal entwickelt. Erst bei Fertigstellung aller Bilder, vielfach in Menutechnik, werden sie zu den Btx-Rechnern übermittelt. Die Umsetzung auf die Btx-spezifischen Grafikbelange übernimmt eine spezielle Btx-Software in Zusammenarbeit mit Btx-Boards. Die bisher typischen „eckigen" Darstellungen der Grafiken im Btx beruhen vor allem darauf, daß nur eine begrenzte Anzahl standardisierter Grundsymbole benutzt werden. Die digitale Zerlegung von Grafiken konnte bei Benutzung eines normalen Fernsehers nur zu Kompromissen führen bzw. ist in der PC-gewohnten Auflösungsqualität nicht möglich.

7.1.10   Terminals am Hostsystem

Datenübertragungsfunktionen sind bei Großrechnern bekanntermaßen längst implementierte Einrichtungen. Die Datenfernverarbeitung (oder teleprocessing) unter der direkten Kopplung entfernt aufgestellter Rechensysteme über das öffentliche Netz wurde bereits erfolgreich betrieben, als von digitalen Netzen noch nichts vorhanden war. Insofern dient das gewöhnliche Bildschirmterminal am Hostrechner in beiden Richtungen als typisches Datenendgerät. In früheren Zeiten nannte man nicht zu Unrecht dieses Gerät „Datensichtstation".

In diesem Zusammenhang sei ein kleiner Ausflug in die Entwicklungsgeschichte erlaubt. Bevor es nämlich die „Bild"-Schirme gab, war die Kommunikationsbeziehung Computer-Anwender im wesentlichen auf die Konsolschreibmaschine und den Systemdrucker beschränkt. Man verkehrte mit dem Rechner also gewissermaßen „schriftlich". (Bis zur Lochkarte und ähnlichen Medien braucht man dabei nicht zurückzugehen). Erst die Entwicklung des Bildschirms in Verbindung mit der Tastatur gestattet den „Dialog"-Verkehr mit dem System.

Der vernetzte PC übernimmt nun im Prinzip die Funktionen des herkömmlichen Bildschirmterminals. Eine wichtige Voraussetzung hierfür ist der Einsatz des Terminalemulators. Das heißt nichts anderes, als daß die hardware- und softwareseitigen Bedingungen der Großrechnerarchitektur am PC „simuliert" werden. Damit ist ganz klar, daß der „gewöhnliche", unintelligente Bildschirm genauso zu den Endgeräten im ISDN zählt.

Allerdings kann der Bildschirm nicht direkt an das ISDN angeschlossen werden. Der „Umweg" führt über das LAN und damit zum PC. Das ist auch wieder nur die halbe Wahrheit, denn Mainframeverbindungen zum ISDN gibt es ebenfalls in der Weise, daß die Datenübertragung über Steuereinheiten und S_0- oder S_{2M}-Anschlüsse auch ohne PC funktioniert. Daß die Großrechner mehr und mehr zu Datenbankservern umfunktioniert werden und daß damit die „gewöhnlichen" Bildschirmgeräte irgendwann nicht mehr die dominierende Rolle spielen, ist zwar eine Tatsache, gehört jedoch nicht unmittelbar hierher.

Wichtig ist in erster Linie: applikationsbezogene Anforderungen an das ISDN können von Bildschirmgeräten aus angefordert und angestoßen werden, und genauso werden die empfangenen Daten mit Softwarehilfe am Monitor dargestellt.

7.1.11   Der PC als ISDN-Endgerät

Die Aufzählung der Endgeräte entspricht dem heutigen Stand der Verbreitung. Es gibt weitere, spezifische Geräte, die jedoch von der Funktionalität her in die eine oder andere Gruppe fallen. Bedeutsam sind schlußendlich die folgenden Fakten:

Voraussetzungen

- das Harmonieren aller Endgeräte,

- die Zusammenarbeit vieler Dienste in einem Gerät und

- die Kommunikationsbeziehungen der Dienste und Geräte untereinander

zeichnen sich ab und sind im Sinne des Endanwenders auch gewollt und sinnvoll.

Die EDV-Dienste in ihren vielfältigen Ausprägungen haben längst vom PC und dabei vor allem vom vernetzten PC Besitz ergriffen. Ohne PC ist ein vernünftiges lokales Netzwerk überhaupt nicht denkbar. Der PC dient dabei nicht nur der Entwicklung von Softwareapplikationen und Programmsystemen, seine Nutzung wird immer effizienter gerade in den Fachabteilungen. Grundsätzlich kann nahezu jedermann am Arbeitsplatz und privat mit PC-Unterstützung vielschichtige Aufgaben lösen. Als universell einsetzbare „eierlegende Wollmilchsau" ist der Rechenzwerg inzwischen sozusagen unentbehrlich geworden.

Die Grundmerkmale des PC als vollwertiger Computer mit Hochleistungsprozessor, Speicherkapazität und programmgesteuerten Funktionen sowie dessen Ausbaufähigkeit mit Steckkarten und externen Einheiten einschließlich der Schnittstellen befähigen ihn logisch-konsequenterweise auch dazu, in der Koordination und Kooperation der Telekommunikationsmöglichkeiten eine tragende Rolle einzunehmen.

Tatsache ist jedenfalls: der PC **ist** ein Endgerät, auch und gerade in Verbindung mit dem ISDN-Netz. Wenn einige Voraussetzungen geschaffen werden, kann dieses Gerät als multifunktionales Endgerät eingesetzt werden. Manche Endgeräte können durch PC-Einsatz überflüssig werden, andere erfahren eine deutliche Aufwertung. In der Vernetzungspraxis wird der PC de facto als ISDN-Gateway nutzbar.

Ob die Formel „Hardware plus Software plus Organisation = Universallösung für Datenverarbeitung und Kommunikation" aufgeht?

Völlig uneuphorisch und nüchtern betrachtet: Ja. Man sollte die Gesamtproblematik aus verschiedenen Blickwinkeln betrachten und pragmatisch vorgehen nach dem Motto „Global denken und lokal handeln".

Das Arbeitsteilungsmodell „Anforderung" einerseits und „Dienstleistung" andererseits kann man auch und gerade auf den vernetzten PC im ISDN-Umfeld anwenden. Die Möglichkeiten im ISDN unter LAN-Bedingungen müssen gebündelt werden, und die Dienste sollen genau dort zur Verfügung stehen, wo sie auch benötigt werden. Das Client/Server-Modell setzt ein gewisses Minimum an Vernetzung voraus.

Bild 7-2 :
Schema der Applikationen und allgemeine Serverdienste

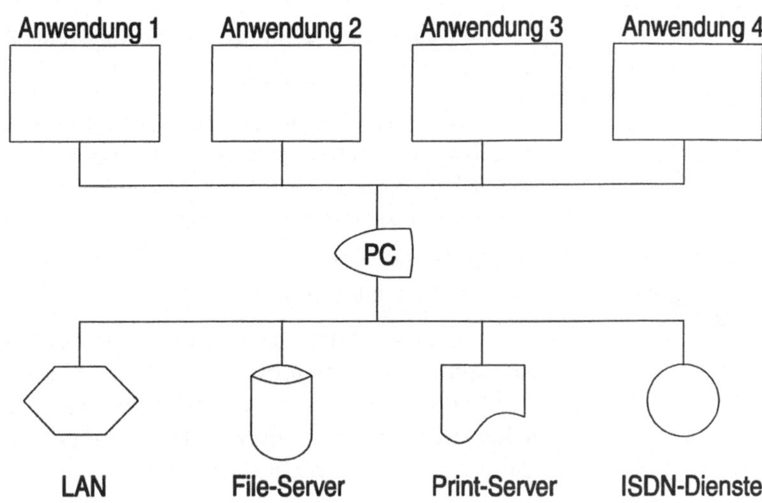

Der PC als ISDN-Server

Die Dienstleistungen, welche von einem Server-PC verlangt werden, sind naturgemäß ziemlich vielseitig. Die Funktionen kann man in gewisse „Grunddienste" einteilen:

Grunddienste

- Faxservices,
- Datenübertragungsfunktionen,
- Druckerserver,
- File- bzw. Datenbankserver,
- Zusatzfunktionen wie Scannerdienste,
- Auskunftsservices in diversen Formen,
- Mailboxdienste,
- Btx-Server,
- Datensammeldienste,
- Computergestütztes Telefonieren usw.

Alle diese Dienste müssen zunächst einmal unabhängig von irgendwelchen Anwendungen erbracht werden können. Sie müssen also quasi anwendungsneutral arbeiten. An den ISDN-Server-PC und an die gesamte Umgebung im Netz müssen demzufolge einige grundlegende Anforderungen gestellt werden:

Anforderungen

- permanente Verfügbarkeit,
- hohe Zuverlässigkeit,
- Leistungsfähigkeit in bezug auf Durchsatz und Speicherkapazität,

- möglichst eingriffs- und wartungsfreies Arbeiten,

- universelle Nutzbarkeit.

Der ISDN-PC übernimmt eine Vermittlerfunktion zwischen den angebotenen und vorhandenen Diensten und den jeweiligen Anforderern, also den betrieblichen Anwendungen. Daraus ergibt sich eine wichtige Folgerung:

Nicht alle im Netz angeschlossenen PCs müssen *direkt* mit dem ISDN gekoppelt werden!

Die einzelnen ISDN-Dienstefunktionen sollen im Idealfall an *einer* Stelle zur Verfügung stehen und *individuell abrufbar* sein. In der Praxis wird man diese Formation zwar anstreben, die technischen und organisatorischen Bedingungen und Voraussetzungen dafür sind jedoch nicht unerheblich.

Nicht jede Dienstefunktion muß an jedem Arbeitsplatz zur Verfügung stehen. Schon deshalb wird eine *Kanalisierung* und sinnvolle *Verteilung* der Dienste in Verbindung mit der jeweiligen Applikation bestimmte *Steuerungsmechanismen* in Betrieb setzen. Neben den reinen technischen und softwareorientierten Voraussetzungen, die an verschiedenen anderen Stellen beschrieben werden, sind bei Servereinsätzen vor allem koordinierende Tätigkeiten erforderlich. Es empfiehlt sich also, die Einsatzplanung und Realisierung unternehmensweit durchzuführen. Man wird die Aufgabengebiete und Fachabteilungen nach ihren Informationsbedürfnissen untersuchen und detaillierte Checklisten aufstellen nach dem Motto: „Wer braucht was in welcher Form". In diesem Zusammenhang ist die Zukunftsplanung sehr wichtig. Bei Bedarfsanalysen müssen auch geplante Umstrukturierungen, beispielsweise Downsizingmaßnahmen, miteinbezogen werden.

Der PC als ISDN-Client

Auf der Anwenderseite spielt der PC eine ganz andere Rolle. In den Fachabteilungen muß das zu bearbeitende Arbeitsgebiet im Vordergrund stehen und weniger die Technologie. Das heißt also nichts anderes, als daß die zu beschaffenden Informationen und Daten der Abwicklung von Geschäftsprozessen zu dienen haben. Die wesentlichen Merkmale und Anforderungen können auch auf der Benutzerseite aufgelistet werden:

Merkmale

- die **Benutzeroberfläche**: die Serverdienste müssen möglichst einfach zu aktivieren sein;

- das **Anwortzeitverhalten**: die Anforderungen an die ISDN-Dienste müssen in einem adäquaten Zeitrahmen erfüllt werden können;

- die **Zuverlässigkeit**: die gewünschten ISDN-Dienste müssen funktionieren;

- die **Verfügbarkeit**: die notwendigen Service-Netzteile müssen aktiv sein;

- das **Dialogverhalten**: der Nutzer muß mit dem System kommunizieren können;

- die **Homogenität**: auch bei den unterschiedlichen Diensten sollte der Anwender nicht zwischen verschiedenen Oberflächen hin- und herschalten müssen.

Ganz abgesehen von einer gewissen Hardware- und Software-unabhängigkeit darf die Arbeit des Endnutzers möglichst nicht behindert werden. Das reibungslose Zusammenspiel der Komponenten ist ausschlaggebend für den Nutzwert und damit die Akzeptanz des Gesamtsystems.

Auf der Client-Seite gibt es noch einen anderen, sehr wichtigen Aspekt. Die Anforderung von Diensten erfolgt in der Regel direkt aus der Applikation heraus, so ist zumindenst die Entwicklung und der Trend. Um einen bestimmten ISDN-Service zu aktivieren, wird man sich nicht direkt mit den Kommunikationsfunktionen auseinandersetzen müssen, sondern man ruft dieselben gewissermaßen auf. Die Anwendungsprogramme bestehen entweder aus Standardlösungen oder Individualsoftware. Dabei sind sie heutzutage noch häufig direkt an eine bestimmte Computerarchitektur oder aber an eine Anwendung gebunden. Daran ändert auch die „offene Systemwelt" nicht viel. Die zweckgebundenen funktionalen Softwareteile für bestimmte Dienste sind dediziert entwickelt worden. Damit wird zwar eine gewisse Unabhängigkeit erreicht, aber die Verbindungen zu den eigentlichen Anwendungen und deren Software fehlt noch. Die Verbindungen werden mit den Softwareschnittstellen geschaffen. Diese Interfaces in Form von eigenständigen Softwaremodulen müssen einem bestimmten Standard entsprechen, um universell einsetzbar zu sein.

Dieses Modularprinzip ist bei jedem vernünftig aufgebauten Softwaresystem ganz selbstverständlich und wird auch in der Telekommunikation sehr sinnvoll eingesetzt. Der Hauptzweck dieser Schnittstellenstandards ist der, daß zwischen den Anwendungen und der Basissoftware eine variabel gestaltbare Verbindung hergestellt werden kann. Diese Standards werden noch separat in 7.4 und 7.5 beschrieben.

Ein einfaches Beispiel für eine ISDN-Client-Anwendung: Der Sachbearbeiter in der Verkaufsabteilung bearbeitet eine schriftlich eingegangene Anfrage mit Hilfe seines lokalen Textsystems und der Kunden- und Artikeldatenbank auf dem Server. Das verfaßte Angebot kann nun direkt per Faxserviceaufruf aus dem PC heraus an den Kunden gesendet werden.

7.2   ISDN am Arbeitsplatz

Standen im letzten Kapitel die einzelnen Endgeräte im Mittelpunkt, so werden die allgemeine Arbeitsplatzgestaltung und deren Aspekte nunmehr die Betrachtungsweise darstellen.

7.2.1   Einzelarbeitsplatz

Geht man einmal davon aus, daß ein typischer Einzelarbeitsplatz mit einem PC bestückt ist, so ergibt sich die Ausstattung fast von selbst:

Ausstattung

- PC mit entsprechendem RAM-Speicher,

- lokaler Drucker,

- lokale Festplatte,

- CD-ROM,

- Software in Form von Textsystem, Datenbanksystem, Tabellenkalkulation und Grafikmöglichkeiten,

- Anwendungen als Standard- oder Individuallösungen,

- Zusätze wie Scanner, Plotter oder integriertes Telefon,

- Backup-Systeme wie Wechselplatten, Diskettenstationen, Datatapes und Streamer,

- Multimedia-Funktionen wie Video, integriertes Fernsehen und Audioeinrichtungen (Mikrofon, Lautsprecher, Stereo).

Für den externen Datenverkehr gibt es das Modem, den Btx-Decoder und natürlich die ISDN-Adapterkarten. Zusammen mit den notwendigen Treibern und der Kommunikationssoftware in das Betriebssystem integriert, kann man damit sicherlich sehr viel anfangen. Zumal man daneben noch ein Faxgerät ankoppeln kann.

Ein solcher PC-Platz findet sich ganz vorwiegend im Privatbereich und bei Kleinunternehmern. Der Nutzen von ISDN-

Diensten liegt damit auch ganz „in einer Hand". In der Regel wird dabei ein S_O-Anschluß ausreichend sein, man kann damit immerhin zwei B-Kanäle ausnutzen.

Besondere Verkabelungen sind dabei nicht nötig, da die Client- und die Serverdienste in einem Gerät untergebracht sind. Als Benutzeroberfläche zum ISDN wird zumeist ein multitaskingfähiges Betriebssystem benutzt mit den jeweils notwendigen Zugriffsmodulen beispielsweise für Btx oder Mailservices. Wenn ein PC genügend freie Steckplätze für Boards aufweist, so können prinzipiell jederzeit Erweiterungen installiert werden. Die Grenzen liegen eigentlich bei drei Dingen:

- am Geldbeutel,

- den geforderten Funktionen und

- dem vorhandenen freien Speicher (RAM und Festplatte).

Ein 486-er-Prozessor mit 8 MB RAM und 250 MB Harddisc sowie Windows 3.1 und höher oder ähnliche Betriebssysteme gehören bei wachsendem Nutzungsgrad fast schon zur Standardausrüstung. Bei einem Einzelplatz-PC am ISDN (wenn auch nur gelegentlich) empfiehlt sich eine aktive ISDN-PC-Karte, da bei intensiver Nutzung beispeilsweise im Filetransfer der PC-eigene Prozessor mitsamt dem Speicher schnell überlastet werden kann. ISDN-Anwendungen sollten ohnehin möglichst im Hintergrund ablaufen können, um parallel dazu normal weiterarbeiten zu können. Ein „DIR:"-Befehl auf eine entfernt installierte Datenhaltung kann das System leicht eine ganze Weile „lahmlegen".

Ansonsten kann ein einzelner PC jederzeit ans LAN angeschlossen werden. Will man zum Beispiel vier PC´s vernetzen, so kann ein einfaches Peer-to-Peer-Netz vorerst ausreichend sein. Dabei wird ein mit der ISDN-Karte bestückter PC die Funktion des ISDN-Gateway übernehmen.

7.2.2   Vernetzter Arbeitsplatz und Arbeitsgruppen

Der vernetzte PC in einer LAN-Umgebung findet sich inzwischen nahezu bei allen möglichen Tätigkeiten und in den unterschiedlichsten Branchen. In einem größeren Unternehmen gibt es Abteilungen, deren Arbeit einen ganz bestimmten Funktionsbereich abdecken muß. Es sind Arbeitsgruppen oder Teams vorhanden, welche untereinander vernetzt sind. Dabei hat zwar jedes Teammitglied eine andere Aufgabe wahrzunehmen, es werden jedoch dieselben Ressourcen genutzt. Das heißt also, nicht an jedem PC muß nun ein teurer Laserdrucker angekoppelt sein.

Genausowenig macht es Sinn, wenn jeder Arbeitsplatzcomputer im Netz seine eigenen Datenbanken bearbeiten und pflegen muß. Ein Faxgerät wird häufig den Anforderungen von 30 oder 40 Mitarbeitern genügen.

Die Datenfernübertragung und alle anderen ISDN-Dienste müssen in der Regel ganz sicher nicht an jedem Arbeitsplatz zur Verfügung gestellt werden. Allgemeingültige Aussagen können nicht gemacht werden, da sich derartige Anforderungen von Firma zu Firma und von Anwendung zu Anwendung unterscheiden.

Wichtig ist nur eines: die LAN-WAN-LAN-Verbindungen müssen so gestaltet werden, daß sie dem Kommunikationsbedürfnis und dem firmeninternen Datenfluß genügen. Bei einem großen Versandhaus mit laufenden Kundenkontakten bei mehreren Mitarbeitern kann die direkte ISDN-Kopplung notwendig sein. In der Buchhaltungsabteilung derselben Firma genügt ein Anschluß für die allabendliche Datenübertragung von und zu den Filialen.

LAN-Karten und ISDN-Karten benötigen jedenfalls eigene Treibersoftware. Diese Pakete belegen Speicherplatz genauso wie jede Anwendungssoftware. Man muß also abwägen, inwieweit die einzelnen Anwendungen einander behindern können. Es macht wenig Sinn, wenn theoretisch und praktisch „jeder alles darf" und dabei das gesamte System lahmgelegt wird.

Die vorhandene LAN-Topologie und gegebenenfalls das Vorhandensein mehrerer LAN's mit unterschiedlichen Topologien erschwert die Kopplung. Die Netzwerksoftware muß also die Netzserver und die PC-Karten unterstützen.

PC-Vernetzung und ISDN sind nicht nur ein rein technisches Problem, die organisatorischen Anforderungen sowie die Diensteintegration setzen umfassende Analysen voraus.

7.3 Dienstenutzung

Die Dienste im ISDN und die vielen Möglichkeiten bei deren Nutzung wurden bereits behandelt. In diesem Unterkapitel werden einige häufig genutzte Dienste mehr von der Anwendungsseite her untersucht. In vielen Anwendungen finden solche speziellen Abgebote und Nutzungsmöglichkeiten ihren Platz. Gerade die Integrationsmöglichkeiten unter der „Oberleitung" des vernetzten PC können viele typische Applikationen qualitativ als auch quantitativ verbessern.

7.3.1   **Faxdienst**

Daß die Faxgeräte der Gruppe 3 sowie der Gruppe 4 unter bestimmten Voraussetzungen gemischt genutzt werden können, ist bereits geklärt. Man muß nun allerdings nicht unbedingt ein Faxgerät besitzen, um Faxe zu senden oder zu empfangen.

Ein PC mit einer speziellen Faxsoftware kann Faxnachrichten direkt aus dem Speicher heraus an ein Faxgerät übermitteln. Genauso kann man Faxe direkt in den Speicher eines Ziel-PC einspielen. Außer der entsprechenden Software, welche die spezifischen Faxumsetzungen berücksichtigt, ist dazu ein Modem nötig. Das Ganze funktioniert also auch mit einer PC-ISDN-Karte. Der Text und die Grafik können direkt am Bildschirm bearbeitet und betrachtet werden. Als Drucker kann der Netzdrucker oder der lokale Drucker dienen.

Ein weiterer interessanter Aspekt beim PC-gesteuerten Faxen besteht in der Möglichkeit, den eigentlichen Fax-Versand zeitlich versetzt zu steuern. Das hat mehrere Vorteile:

Vorteile des PC-gesteuerten Faxen

1.   man kann die Zeit nach 18:00 Uhr zur Leitungsbelegung nutzen und damit den Kostenvorteil.

2.   die Faxstücke können im Verlauf des Arbeitstages von verschiedenen Mitarbeitern per Textsoftware erstellt und in eine Warteschlange eingestellt werden.

3.   das Versenden kann bei Erreichen einer bestimmte Uhrzeit automatisch veranlaßt werden, und der Faxanschluß braucht dabei nur eine bestimmte Zeit belegt zu sein.

7.3.2   **Mail-Systeme**

Die elektronische Post, oder auch E-Mail genannt, wird mittlerweile auch privat recht intensiv betrieben. Dabei gibt es eine Reihe untereinander nicht ohne weiteres kompatibler Methoden. Wer über das ISDN arbeiten will, bedient sich am bestem dem internationalen X.400-Standard. Die DBP Telekom bietet ihr Telebox400-Mailbox-System als Medium an. Daneben sind einige private Mailboxsysteme vorhanden. Allerdings müssen die Absender und Empfänger über dieselbe Methode verfügen.

In einem Mailboxsystem können Nachrichten in einem elektronischen Briefkasten abgelegt werden, auch ohne daß der Empfänger anwesend ist. Diese Nachrichten können ähnlich dem Anrufbeantworter aus der Ferne abgefragt werden und sind passwortgeschützt. Interessant ist hierbei wieder das Kombinieren mit Datex-J, Telex und Teletexanwendern. Auch über den Cityruf und das Datex-P-Netz können Mailings kommunizieren.

Für Mailboxsysteme gibt es genügend Software, welche in der Regel sehr preisgünstig zu erhalten ist.

7.3.3   Infonet

Infonet ist einer der führenden Anbieter eines Datenkommunikationsnetzes, welches seinen Service weltweit anbietet. Der Firmensitz befindet sich in USA. Es handelt sich um einen Zusammenschluß von Netzbetreibern aus 10 Ländern, darunter auch die DBP Telekom.

Infonet bietet internationale Hilfe beim Überwinden von nationalen oder regionalen Übertragungsproblemen. Dabei steht die kundenspezifische Beratung und Projektierung im Vordergrund. Das Netzmanagement und die Abrechnungsmodalitäten befinden sich in einer Hand. Gerade die Koordination mit ausländischen Netzbetreibern kann dem Datenübertragungskunden eine Reihe von Schwierigkeiten abnehmen.

Es gibt eine Infoneteigene Hotline und ein spezielles Mailboxsystem namens NOTICE. Der Zugang findet vorwiegend über die Datex-P-Schnittstellen statt. Damit sind die Dienste des Infonet ohne Probleme über ISDN erreichbar. Die DBP Telekom bietet besondere Beratungsstellen für die praktische Nutzung.

7.3.4   Btx und Datex-J

Der Bildschirmtext bzw. der Datex-J-Dienst hatte lange Zeit unter mangelnder Akzeptanz zu leiden. Das lag zum einen an technisch-organisatorischen Problemen, aber auch in der Tatsache, daß die Übertragungsgeschwindigkeit bei 2400 bit/s lag. Der Aufbau einer Btx-Bildschirmseite dauerte dabei zwischen 10 und 25 Sekunden. Über das ISDN mit 64 Kbit/s-Leistung erzielt man mittlerweile eine Aufbauzeit von weniger als 1 Sekunde.

Der weitere Nutzen liegt darin, daß die Btx-Services mit den meisten wichtigen Post-Services zusammenarbeiten können. Die monatlichen Grundkosten liegen in der Summe niedriger als die Summe der Einzeldienstgrundpreise. Die Kosten für die Übertragungszeiten sind im Regelfall ebenfalls deutlich günstiger.

Der ISDN-Adapter muß Btx-fähig sein, solche Karten gibt es einige im Angebot. Der Anschluß an das Btx muß natürlich gesondert beantragt werden. Man kann außerdem als „Gastteilnehmer" mit Btx arbeiten, allerdings eingeschränkt. Das empfiehlt sich vor allem bei Neubeginn im Bildschirmtext.

Auch hierbei zeigt sich der Vorteil eines PC. Man kann angeforderte Seiten direkt in den PC-Speicher herunterladen. Dadurch verringern sich die Leitungsgebühren. Bei häufig wiederkehrenden Anfragen können die Tastaturfolgen in einem Makro-Kommando abgespeichert werden, so daß das Handling vereinfacht werden kann.

7.3.5   CompuServe

Dieser Service kann derzeit als die größte Mailbox der Welt bezeichnet werden. Um in diesem Privatnetz arbeiten zu können, muß man so etwas ähnliches wie Mitglied sein. Der Hauptrechner steht in den USA, es gibt Netzknoten und Netzzugänge in vielen Ländern. Der einfachste Zugang ist über Datex-J zu realisieren.

Ursprünglich für private Mailboxdienste entwickelt, kann man mittlerweile über CompuServe auch professionelle Anbieter und Anwender erreichen. Beispielsweise Fachverlage und Softwarefirmen bieten einen direkten Zugang zu ihren Datenbanken. Das Herunterladen von lauffähigen Programmen ist über CompuServe unter bestimmten Voraussetzungen möglich.

Die Angebote im CompuServe-Netz reichen von einfachen Privatnachrichten über Auskunfssysteme bis hin zum elektronischen Bestellwesen. Für die Nutzung im PC sind der Btx-Anschluß zu empfehlen mit gleichzeitigem Nutzungsantrag bei der deutschen Zentrale in München.

Für die gängigen Betriebssysteme liefert CompuServe das passende Einstiegsmenu, den CompuServe Information Manager (CIM).

7.3.6   Internet

Ursprünglich als wissenschaftliches Netzwerk vorwiegend an Universitäten und wissenschaftlichen Instituten zum Informationsaustausch entwickelt, findet man inzwischen auch in diesem Netz verstärkt kommerzielle Anbieter. Der Zugriff darauf kann über den CompuServe-Dienst stattfinden. Dort erhält man auch weitere Informationen über die Zugangsbedingungen.

Wissenschaftliche Publikationen können über Internet eingesehen werden. Daneben gibt es auch Fachveröffentlichungen, die von allgemeinem Interesse sind.

Soweit man auf die Internet-Domains Zugriff erhält und urheberrechtliche Belange erfüllt werden, können bestimmte Dateien heruntergeladen werden. Das gilt prinzipiell für fast alle Netzdienste.

7.3.7   Private Dienste

Immer mehr Institutionen und Firmen bieten ihre Dienste über das ISDN-Netz an. Diese Netzservices sind über verschiedene Medien wie Btx, CompuServe usw. zugänglich. Deshalb können die Privatanbieter nicht ohne weiteres auf die Dienstegruppen verteilt werden. Der Interessent erhält jedenfalls in der Regel direkt vom Anbieter Hinweise und Anleitungen, auf welche Art und unter welchen Bedingungen er Zugriff erhält.

Die Angebotspalette wird ständig größer. Eine umfassende Übersicht ist schon aus diesem Grunde kaum möglich und sinnvoll. Es gibt eine Reihe von allgemein nutzbaren Informations- und Abrufofferten. Viele davon gibt es bereits seit geraumer Zeit, die sowohl kommerziell als auch privat genutzt werden:

- Shareware oder Public Domain Software von Software- und System-Firmen;
- Software-Update-Service von lizenzpflichtigen Paketen;
- Bankauskünfte verschiedener Art (Kontostand);
- Börsendaten-Informationen (Kurse);
- Private Datenbanken;
- Adressendienste;
- Verlagsangebote (Telezeitung);
- Postleitzahlen-Verzeichnis;
- Telefonbuch und Faxverzeichnis;
- Teilnehmerverzeichnisse in anderen Diensten;
- Bestelldienste von Versandunternehmen usw.

Generell kann die Feststellung getroffen werden, daß jede Art Nachschlagewerk, welches öffentlich vorhanden ist, als auch private Datensammlungen, für die Allgemeinheit zugänglich gemacht, mehr und mehr auf elektronischem Wege erhältlich sind. Jedenfalls hilft das ISDN bei richtiger Anwendung, Zeit und Geld sparen, da der Datentransfer in beiden Richtungen zunehmen wird.

7.3.8   EDIFACT

Im Gegensatz zu den E-Mail-Systemen, die eine weitgehend unformatierte Nachrichten-Übermittlung zulassen, arbeitet EDI (Electronic Data Interchange) mit formatierten bzw. strukturierten Daten. EDIFACT ist im Prinzip ein kontrollierter Filetransfer zwischen EDV-Systemen. Die Tatsache, daß im allgemeinen Geschäftsverkehr mit bestimmten Formularen für bestimmte Geschäftsvorfälle gearbeitet wird, führte zur Entwicklung der EDI-Systematik. Für den Datenaustausch von Anfragen, Bestellungen, Auftragsbestätigungen und Rechnungen müssen diese allerdings nach bestimmten, international festgelegten Syntax- und Semantikregeln umgeformt werden. Das heißt also, daß typische Geschäftsformulare gewissermaßen vor der Übermittlung „vereinheitlicht" werden müssen. Die ISO und das DIN (Deutsches Institut für Normung e.V.) haben nun für diese Umsetzung gewisse Regeln und Standards festgelegt. Die Daten sind demnach nach einer genauen Zusammensetzung strukturiert.

EDIFACT bildet nun eine Untermenge der Regeln. Man kann hierbei von einem Dokumentensystem sprechen. Die Dateistruktur des Absenders wird vor dem Übermitteln „umgebaut" und beim Empfänger wieder zurückgewandelt. Hierbei handelt es sich nicht um einen extern aufrufbaren Dienst, sondern vielmehr um betriebsinterne und organisatorische Aspekte. Da EDIFACT praktisch vorwiegend in LAN-WAN-LAN-Verbindungen eine Rolle spielt und herstellerneutral sowie netzneutral arbeitet, werden solche Applikationen im ISDN-Verbund zunehmend auch mit dem PC gefahren.

7.4   Common-ISDN-API (CAPI)

Der PC als multifunktionales Endgerät kann aufgrund seiner offenen Architektur und mit Hilfe der passenden Steckkarte problemlos an das ISDN angekoppelt werden. Zwei Grundanforderungen sind dabei zu erfüllen:

1.   die logische Anpassung an das verwendete Betriebssystem und

2.   die physikalische Anpassung des internen Bussystems an die S_O-Schnittstelle.

Die ISDN-Diensteangebote und die diensteunabhängige Datenübertragung sind mit Hilfe von geeigneter Software auf dem PC verfügbar. Die ISDN-Karten arbeiten jedoch mit spezifischer Kommunikationssoftware, so daß eine gewisse Abhängigkeit vorhanden ist. Um hier nun die Verbindungen flexibler zu gestalten, wurde die Standard-Schnittstelle CAPI entwickelt. Sie bildet das Verbindungsglied zwischen der Kommunikationssoftware und der Protokollsoftware.

CAPI bedeutet: „Common ISDN Application Programmable Interface". Im Grunde geht es darum, den Anwendungen den problemlosen Zugriff auf unterschiedliche Boards zu ermöglichen. Ein Anwendungsprogramm kann also unabhängig von der später zu verwendenden Karte entwickelt werden. Das CAPI ist eine Entwicklung der ISDN-PC-Kartenhersteller und der DBP Telekom in einem Arbeitskreis. Der ZVEI als Dachverband der Hersteller ist dabei maßgeblich beteiligt. Dieser Arbeitskreis nennt sich kurz AK-API.

Dieses Interface befindet sich also zwischen den Anwendungsroutinen und den ISDN-Karten bzw. deren Kommunikationssoftware. Die Standardschnittstelle muß mehrere Applikationen mit mehreren ISDN-Steckkarten in Einklang bringen können. Dabei müssen verschiedenartige Kombinationen möglich sein. Natürlich gibt es für die verschiedenen Betriebssysteme Varianten. Nachfolgend die wichtigsten Merkmale einer CAPI-Schnittstelle:

Wichtigste Merkmale einer CAPI-Schnittstelle

- Unterstützung aller Verbindungsauf- und Abbau-Mechanismen,

- Unterstützung von mehreren logischen Kanälen in einem physischen Aufbau,

- das Behandeln von Channel-Bundling von B-Kanälen,

- transparente Protokollschnittstelle ab der Schicht 4 des Referenzmodells,

- Mehrfachanschlüsse-Unterstützung,

- Selektion von verschiedenen Dienstemerkmalen,

- Durchsatzoptimiereung durch asynchrone Datenaustauschmechanismen,

- betriebssystemunabhängige Nachrichtenformatverarbeitung,

- betriebsystemabhängige Integrationsunterstützung.

Die CAPI-Schnittstelle unterstützt selbstverständlich sowohl die aktiven als auch die passiven Adapterkarten. Dieses Interface ist also betriebssystemspezifisch zu installieren, unterstützt jedoch alle gängigen ISDN-PC-Karten. Bei Betriebssystemwechsel muß also nur die entsprechende CAPI-Version ersetzt werden, nicht jedoch die Karten. Dasselbe gilt auch umgekehrt.

Bild 7-3:
CAPI und
das Umfeld

Anwender

GUI

Anwendungssoftware

APPLI/COM-Interface

Kommunikationssoftware

CAPI-Schnittstelle

ISDN-PC-Steckkarte

S_0-Schnittstelle

ISDN-Netz

7.5   APPLI/COM

Es gibt noch eine weitere Schnittstelle, welche oberhalb der Referenzmodellschicht 7 angesiedelt ist. Damit ist klar, daß es sich um eine Zugangsschnittstelle zwischen den eigentlichen Anwendungen und den Kommunikationsdiensten handelt. Die Abkürzung bedeutet: Application/Communication. Dieses Interface ist demnach noch *vor* die CAPI geschaltet. Der Sinn dieser Schnittstelle ist folgender: Um direkt aus den Anwendungen heraus bestimmte Kommunikationsdienste in Anspruch nehmen zu können, müssen deren spezifische Eigenheiten berücksichtigt werden. Es handelt sich um die Dienste Telefax, Telex und Teletex. APPLI/COM ist allerdings eine reine Programmierungsschnittstelle. Beim Aufruf eines Sende- oder Empfangsbefehls für die Dienste wird die APPLI/COM-Schnittstelle aktiviert.

Dieses Interface wird ebenfalls von einem Arbeitskreis gepflegt. Er besteht aus dem Zusammenschluß von Kommunikationssoftwareherstellern und Applikationssoftwareproduzenten unter der Federführung der DBP Telekom. Dieses Softwareprodukt soll die Unabhängigkeit der eigentlichen Anwendungssoftware von der Kommunikationssoftware gewährleisten.

Neben den oben genannten Diensten wird mittlerweile auch X.400 unterstützt. Damit sind die Eigenheiten verschiedenartiger Mailboxservices integriert. Der Einsatz von EDI bzw. EDIFACT wird mit Hilfe der APPLI/COM-Schnittstelle wesentlich vereinfacht.

Bild 7-4:
APPLI/COM
und das Umfeld

Benutzer

Benutzerschnittstelle

Anwendungsschnittstelle

APPLI/COM

Kommunikationssoftware

Schnittstelle zum Kommunikationsnetz

Kommunikationsdienste

Das Entwickeln und Benutzen von Softwareschnittstellen aller Art macht zwar eine Anwendung nicht unbedingt übersichtlicher, bringt jedoch Vorteile im praktischen Einsatz. Eine gewisse Unabhängigkeit von verschiedenen Herstellern, also die berühmte „Offenheit", wird damit forciert. Eben die Integration der herkömmlichen Datenverarbeitung mit den Kommunikationsdiensten verlangt eine gewisse Flexibilität.

Hinweis: die DBP Telekom unterhält unter anderem die Projektgruppe „ROLAND". Dieses Projekt beschäftigt sich auch mit den beiden vorgenannten Interfaces und deren Weiterentwicklung.

7.6   ISDN und Netzbetriebssysteme

Die Netzwerkbetriebssysteme sind der Dreh- und Angelpunkt von und zu den ISDN-Diensten. Jeder Computer arbeitet unter einem ganz spezifischen Betriebssystem. Die verbreitetsten im PC-Bereich sind DOS, Windows und OS/2. Natürlich gibt es eine Vielzahl weiterer BS. Im Netzwerkmanagementbereich haben sich offensichtlich die Produkte von Novell durchgesetzt, deren wichtigstes das Novell NetWare ist.

Unabhängig von irgendeiner Software- und Hardwareumgebung interessiert den ISDN-Nutzer eigentlich nur eines: wie kann man per PC und vernetztem PC die Dienste des ISDN auf einfachste Art und Weise nutzen? Die vorangegangenen Ausführungen zum

ISDN und den LAN's sind sicher wichtig und interessant, aber wesentlich bedeutender ist wohl die möglichst einfache und sichere Handhabung.

Die Betriebssysteme und die Benutzeroberflächen müssen demzufolge Möglichkeiten bieten, jedem Anwender den Zugang zu den ISDN-Netzdiensten im Rahmen seiner Aufgabenstellungen zur Verfügung zu stellen. Deshalb gibt es Subsysteme innerhalb der Netzbetriebssysteme mit speziellen GUI's für die LAN-WAN-LAN-Verbindungen.

Am Beispiel von „ISDN for Workgroups" in Verbindung mit WfW (Windows for Workgroups) werden in Kurzform die Möglichkeiten aufgezeigt.

WfW ermöglicht die einfache Verbindung von PC's untereinander, während IfW quasi standortübergreifende Verbindungen herstellt. IfW besteht aus zwei Grund-Modulen:

1.   GroupGate und

2.   TeleGate.

Beim GroupGate werden die normalen Netzbeziehungen unterstützt, die sich wiederum in drei Gruppen gliedern:

1.   die Peer-to-Peer-Verbindungen,

2.   die Peer-to-LAN-Verbindungen und

3.   die LAN-to-LAN-Kommunikation.

zu 1: Zwei Workgroup-Rechner werden mit ISDN-Karten ausgerüstet und können so direkt und untereinander Verbindungen zum ISDN halten. Man spricht hierbei auch von einer Punkt-zu-Punkt-Verbindung.

zu 2: Ein entfernter Arbeitsplatz-PC wird an eine Workgroup angeschlossen. Ein PC innerhalb der Gruppe erhält eine ISDN-Verbindung. Der Remote-PC kann somit die Verbindung zu jedem im LAN angeschlossenen PC aufnehmen.

zu 3: Zwei LAN's werden via ISDN miteinander gekoppelt. Dabei spricht man dann von einer globalen Workgroup. Hier sind Direktverbindungen von jedem PC im Netz zu jedem anderen PC im anderen Netz möglich.

Im TeleGate schließlich werden die spezifischen ISDN-Dienste wie Fax 3 + 4, Telex und Teletex realisierbar. Die E-Mail und EDIFACT-Lösungen können über dieses Modul ablaufen. GroupGate und TeleGate ergänzen sich vorteilhaft.

Die Netzwerkaktivitäten genauso wie die Belegung der Kanäle können jederzeit überwacht werden. Dafür sorgen entsprechende Untermodule, welche permanent im Hintergrund aktiv sind. Im Vordergrund stehen die eigentlichen Anwendungen.

Bild 7-5:
Verbreitung der
Netzwerkbetriebs-
systeme in der
BRD

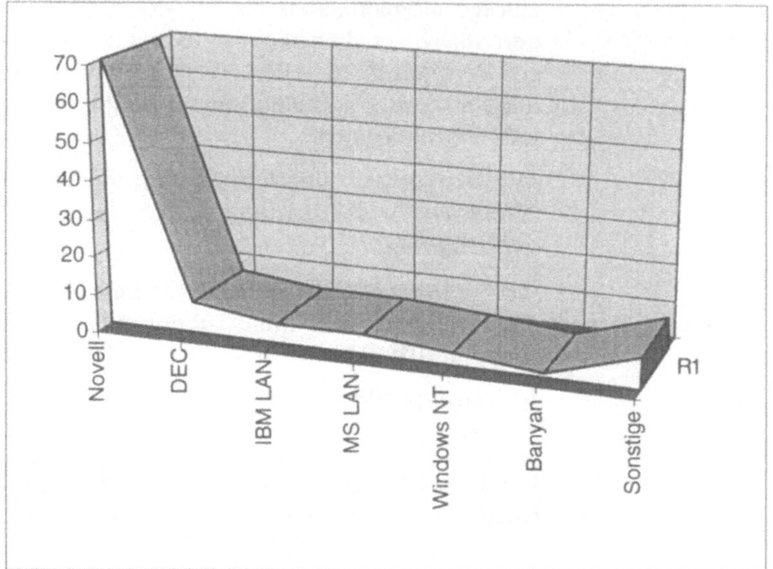

Novell	70
DEC	8
IBM LAN	5
MS LAN	5
Windows NT	3
Banyan	1
Sonstige	8
Gesamt	**100**

Wichtig ist für den normalen ISDN-Service-Nutzer vor allem, daß er, ohne ständig zwischen verschiedenen Oberflächen hin- und herschalten zu müssen, bestimmte Standarddienste per Mausklick aktivieren kann. Eine der absolut notwendigen Voraussetzungen ist jedenfalls die Multitaskingfähigkeit eines Systems. Während der ISDN-Anforderung aus einer Anwendung heraus muß diese Aktivität „unbemerkt" im Hintergrund ablaufen können, damit der Anwender vordergründig „ganz normal" weiterarbeiten kann. Die Tasks arbeiten dabei wie üblich überlappt.

Für Einzelplatz-PC´s werden entsprechende Softwarepakete, auch in Verbindung mit Modems, bereits angeboten. Nicht-ISDN-Anschlüsse müssen jedenfalls auch weiterhin parallel zu den ISDN-Verbindungen möglich sein.

7.7   Multimedia

Unter diesem Begriff kann man so mancherlei verstehen. Speziell die elektronische Unterhaltungsindustrie bietet für den Privatbereich ein Ausstattungspotential für den PC an, das fast nicht mehr zu überblicken ist. Der PC kann mit Hilfe von Hardware- und Softwareerweiterungen zum totalen Kommunikationszentrum ausgebaut werden. Computer, Fernsehapparat, Stereoanlage, Videosystem und Telefon einschließlich sämtlicher Peripherie finden somit in einem einzigen Gerät ihre Funktionen und Verwendungen. Daß der Trend in diese Richtung läuft, ist eindeutig. Wenn man den vernetzten PC solchermaßen ausstattet und dann noch an das ISDN anbindet, erhält man schlußendlich die totale „Kommunikationsmaschine".

Abgesehen von der Tatsache, daß jeder Ausbau eines PC immer höhere Anforderungen an die interne Leistungsfähigkeit bedeutet, wird oft leicht übersehen, daß die Nutzer solcher Systeme unter Umständen ebenfalls schnell an die Kapazitätsgrenzen stoßen, sei es nun in bezug auf die finanziellen Voraussetzungen oder aber bezüglich des praktischen Nutzwertes.

Der PC jedenfalls wird gerade bei Multimedia-Anwendungen unverzichtbar werden, unabhängig von der realisierten Ausprägung. Als Stand-Alone-Gerät wird der PC vorwiegend im privaten Sektor seinen Einsatz finden. Im kommerziellen Bereich zeichnen sich für Multimedia-PC´s eine Reihe neuartiger Anwendungen ab. Ganz besondes gilt dies für die Vernetzung über das ISDN. Die digitale Übertragungstechnik hat ja geradezu einen multimedialen Charakter. Sprache, Bilder, Texte und Daten in jeglicher Mischform werden auf einheitliche Art und Weise übertragen.

Der Arbeitsplatz der Zukunft wird zweifelsfrei im Umfeld des Multimedia-Geschehens stehen. Das hat nichts mit Science Fiction zu tun, sondern wird in absehbarer Zeit Realität. Selbstverständlich ist es nicht erforderlich und sinnvoll, daß jeder PC-Platz voll bestückt werden muß. Die multimediale Ausrüstung wird sich nach den spezifischen Anforderungen richten.

Es gibt mittlerweile eine Multimedia-Benutzeroberfläche, welche die Vielzahl an unterschiedlichen Kommunikationsformen relativ einfach steuerbar macht. Zu diesem Zweck wird der Bildschirm in mehrere Fenster unterteilt.

Bild 7-6:
Mögliche Einteilung eines Multimedia-Bildschirms

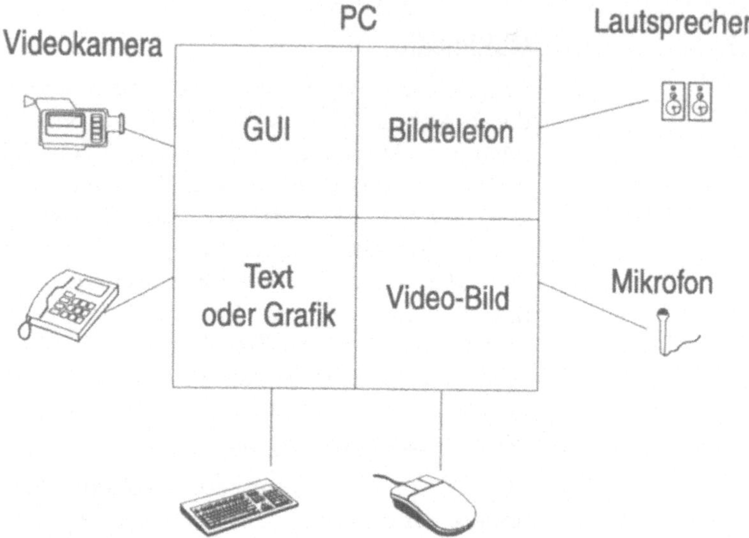

Die kombinierte Form der Bild-, Ton-, Text-, Grafik- und Datenübertragung wird viele lokale und überregionale Konferenzen überflüssig machen. Man kann sich leicht vorstellen, daß bei entsprechender Organisation hierbei viel Zeit und auch Geld gespart werden kann. Diese Form der Videokonferenzen wird in vielen Unternehmen bereits praktiziert. Grundstücksübergreifend bietet das ISDN ideale Voraussetzungen, um beispielsweise die Zentrale mit den Außenstellen kommunikativ zu verbinden. Das gilt vor allem beim Einsatz der Breitbandtechnologie. Fazit: Nur der vernetzte PC mit entsprechender Ausrüstung an Hardware und Software kann solches ermöglichen.

Praktische Lösungsansätze

8.1 Allgemeines

Wie kann man nun die Möglichkeiten des ISDN nutzbringend und sinnvoll anwenden ? Diese Frage läßt sich selbstverständlich nicht mit wenigen Sätzen beantworten. Die Anforderungen und Bedingungen sind in jedem Unternehmen und bei jedem Privateinsatz allzu differenziert. Schon deshalb wird es nicht möglich sein, hier allgemeingültige Regeln oder Vorgehensmodelle aufzustellen.

Dennoch gelten ganz bestimmte Grundprinzipien und Vorgehensweisen. Generell empfiehlt es sich, zunächst einmal vom Istzustand auszugehen. Der Anschluß an das ISDN ist der geringste Aufwand, ein Antrag bei der DBP Telekom wie bei allen derartigen Diensten genügt. Doch damit ist es wohl in den seltensten Fällen erledigt. Einen allgemeinen Fragenkatalog sollte jeder Verantwortliche noch vor jeder Aktivität aufstellen.

- Auf welchem Stand befindet sich die Datenverarbeitung allgemein ?

- Ist der innerbetriebliche Informationsfluß zufriedenstellend aufgebaut ?

- Wie sieht es mit den Expansionsabsichten der Firma aus ?

- Inwieweit sind Außenstellen oder Filialen mit einzubeziehen ?

- Wo sind Umstrukturierungsmaßnahmen notwendig und geplant ?

- Zwingen Sparmaßnahmen zu bestimmten Rationalisierungsüberlegungen ?

- Können Reisekosten und Zeiten eingespart werden ?

- Müssen bei der Datenübertragung neue Wege gesucht werden ?

- Kann die Datenverarbeitung insgesamt ihre Aufgaben noch erfüllen ?

- In welchen Abteilungen oder Geschäftsbereichen müssen Verbesserungen bei den Abläufen vorgenommen werden ?
- Welche Investitionen sind zwingend vorzunehmen ?
- Kann das vorhandene Equipment noch die Firmenziele abdecken ?

Es gilt also, zunächst einmal den „Status Quo" festzuhalten. Man wird im Normalfall einen „Generalplan" aufstellen und die Ziele definieren. Bisher getätigte Investitionen müssen unbedingt berücksichtigt werden. Und wichtig ist: der normale Arbeitsablauf und die Geschäftsprozesse dürfen während irgendwelcher Umstellungs-Aktivitäten nicht behindert werden.

Die allererste Frage, die man sich beantworten muß, ist die folgende: Wie und wo kann das ISDN sinnvoll und erfolgversprechend eingesetzt werden ? Das ökonomische Prinzip gilt logischerweise auch hierbei. Eine Checklist, die keinesfalls vollständig sein kann, mag Anregungen und Tips geben:

- Prioritäten setzen,
- Projektteam aufbauen,
- Pilotprojekt einrichten,
- Abteilungs- oder gruppenweise vorgehen,
- Aufstellung quantitativer Verbesserungen, Kapazitätserweiterungen,
- Aufstellung über qualitativen Ausbau und/oder neue Einsatzgebiete,
- Plan erstellen, wo und wie die seitherigen Geräte weiterbenutzt werden,
- Festhalten, welche organisatorischen Maßnahmen ergriffen werden müssen,
- Finanzpläne aufstellen,
- Wirtschaftlichkeitsberechnungen erstellen,
- Zeitpläne erarbeiten,
- usw.

Ein Unternehmen wird in den seltensten Fällen bei der ISDN-Einführung derartig global vorgehen müssen oder wollen. Im allgemeinen wird auf die ISDN-Dienste phasenweise „zugegriffen". An dieser Stelle dennoch der wichtige Hinweis:

Die Informationsverarbeitung und die Kommunikation werden unweigerlich zusammenwachsen. Die Qualität und die Quantität sowie die Aktualität des Produktionsfaktors „Information" kann die Erfolge und Zukunftsaussichten eines Unternehmens nachhaltig beeinflussen.

In der Mehrzahl der Fälle wird man jedoch „ganz klein anfangen" und die ISDN-Dienste dort einsetzen, wo sie am schnellsten gebraucht werden und Verbesserungen in vielerlei Hinsicht versprechen. Schließlich ist ISDN auch nicht das Allheilmittel für Probleme jeder Art.

Bevor nun zu den Beispielanwendungen „umgeschaltet" wird, soll zunächst einmal der Versuch gemacht, die Anwendungen im oder mit ISDN zu klassifizieren.

8.2 Anwendungs-Gruppierungen

Die eine Möglichkeit der Einteilung von ISDN-Anwendungen besteht darin, diese nach dem Effekt vorzunehmen:

1.   die traditionelle Anwendung und

2.   die innovative Anwendung.

Traditionelle oder herkömmliche Anwendungen bleiben im wesentlichen, wie sie sind. Unter der Zuhilfenahme der ISDN-Dienste können sie jedoch an Qualität gewinnen. Daneben gibt es die Gruppe der neuartigen Anwendungen, die ohne ISDN seither technisch nicht oder nicht befriedigend realisiert werden konnten. Dazu zwei einfache Beispiele:

1.   zu dieser Gruppe gehören praktisch nahezu alle Anwendungen, die mit Datentransfer zu tun haben. Wenn man im Analognetz beim Filetransfer für eine bestimmte Dateigröße eine Stunde Übertragungszeit benötigte, so kann die Transferzeit derselben Datei im Digitalnetz vielleicht nur noch 10 Minuten betragen. Es gilt also, herkömmliche Anwendungen zu verbessern!

2.   In diese Gruppe fallen typischerweise alle Videokonferenzlösungen, vor allem unter dem Einsatz von Multimedia-Equipment und LAN-PC´s. Hier gilt es, neue Anwendungen zu ermöglichen!

Die andere Möglichkeit, Anwendungen zu klassifizieren, besteht darin, sie nach der Art (technisch- oder applikationsorientiert) aufzulisten.

a)   die nachrichtenorientierten Anwendungen; Anwendungen, welche die Dienste von E-Mail, Btx, Fax etc. nutzen,

b)   die interaktiven Anwendungen; Auskunfts- oder Datenbankanwendungen im Online-Betrieb,

c)   die systemorientierten Anwendungen; LAN-Server-Kopplungen und LAN-WAN-LAN-Verbindungen.

Hier kann man auch von Anwendungstypen sprechen.

Die meisten Anwendungen können nun nicht einfach „schubladisiert" werden, sondern werden in der Praxis gemischt auftreten.

Die Einteilungsversuche geben eigentlich nur einen Hinweis darauf, worin der *Schwerpunkt* besteht.

Bild 8-1:
Die Klassifizierung
von ISDN-
Anwendungen

	nachrichten-orientiert	interaktiv	system-orientiert
Traditionelle	Btx-Anw.	DÜ	PC-Host
Innovative	Video-konferenz	Multimedia	C/S überregional

Die Eintragungen in der Matrix stellen lediglich Beispiele dar.

Für die Praxis wird es von Vorteil sein, wenn man die gesamten Anwendungen im Unternehmen darauf hin einteilt, welche Dienste des ISDN überhaupt integriert werden können oder sollten (oder müssen ?).

Bild 8-2:
Matrix der benötigten
ISDN-Dienste nach
Abteilungen

	Btx	Fax	DÜ	Telex	Telef.	Video	
Abteilung A							
Gruppe 1							
Gruppe 2							
Gruppe 3							
Abteilung B							
Abteilung C							

Eine ähnliche Aufstellung kann prinzipiell in jeder Abteilung und Arbeitsgruppe nach den einzelnen Fachgebieten oder Geschäftsprozessen erfolgen. Im Anschluß daran sollte sinnvollerweise die Arbeitsplatzplanung und -Gestaltung in bezug auf die Geräteausstattung erfolgen.

Nicht vergessen darf man in diesem Zusammenhang auch, daß eventuell bauliche Maßnahmen wie Verkabelungen etc. notwendig werden können.

8.3   Beispiele (Praxis und Modelle)

Im folgenden werden einige Beispiele aus der Praxis und denkbare Szenarien dargestellt, wobei immer das ISDN und der vernetzte PC die zentrale Rolle spielen.

Selbstverständlich stehen bei der tatsächlichen Dienstenutzung die Anforderungen der Geschäftsbereiche bzw. der Sachgebiete im Vordergrund. Jeder potentielle Anwender kommt nicht daran vorbei, seine spezifische fachliche Umgebung auf die Einsatzmöglichkeiten über ISDN zu untersuchen. Bei diesen Ausführungen soll lediglich ein gewisser Eindruck vermittelt werden, wie sich das Arbeitsumfeld gestalten könnte. In der Wirklichkeit gibt es natürlich Varianten und Ausbaustufen in jeder nur denkbaren Mischform. Man darf dabei niemals vergessen, daß bei jeder Realisation das Kosten-/Nutzen-Verhältnis stimmen muß. Maßgeblich sind letztendlich die Arbeitsvereinfachung, der Rationalisierungseffekt und mögliche Verbesserungen beim Kunden-Service.

8.3.1   Videokonferenz

Was ist unter einer Video-Konferenz zu verstehen? Der gravierendste Unterschied zu den „normalen" Besprechungen ist sicher der, daß zum einen keine Reisetätigkeiten entstehen und zum anderen nicht zwingend feste Termine eingeplant werden müssen.

Fallbeispiel: Ein Elektrogerätehersteller entwickelt ein neues Gerät, z.B. einen Tischgrill. Angenommen, die Marktuntersuchung ist bereits erfolgt und die Entscheidung zu Herstellung ist gefallen. Nun geht es im Prinzip darum, das Produkt im Kreise aller Entscheidungsträger und Verantwortlichen zu diskutieren. Der Firmeninhaber muß also zunächst einmal die Bereichsleiter der Entwicklungsabteilung, der Produktionsabteilung und des Vertriebs zusammenrufen, um die einzelnen Details des weiteren Vorgehens zu besprechen.

Normalerweise existiert ein Vorgehensplan mit Terminen etc. Darin enthalten sind auch sporadische Besprechungstermine, bei denen die Bereichsleiter zum Konferenzraum gebeten werden. Angenommen, der Fertigungsbetrieb, die Verwaltung und die Entwicklungsabteilung befinden sich in verschiedenen Stadtteilen, so müssen die Mitarbeiter auf jeden Fall zur Besprechung anreisen. Das bedeutet unter anderem:

- Reisezeit,
- Reisekosten,
- Reservierung von Zeit und Freihalten von anderen Tätigkeiten,
- Vorbereiten von Unterlagen,
- Bereitstellen von Material und Geräten sowie deren Transport.

Während der Besprechung sollten die Teilnehmer nach Möglichkeit nicht gestört werden, auch nicht durch Telefonanrufe.

Wenn man sich nun vorstellt, daß jeder Bereichsleiter über einen PC-Arbeitsplatz verfügen würde mit Video-Kamera, Audio-Einrichtung und Multimedia-Software, so könnten die aufwendigen Besprechungen vor Ort weitgehend entfallen. Der Tagungsplan würde durch den Chef per Mailbox an die Abteilungsleiter auf deren PC´s überspielt. Die Standbildkameras könnten die bisher entwickelten Geräte, Bauteile oder auch Pläne übermitteln und die aktuellen Daten zu dem Produkt aus der Datenbank angezeigt werden. Die gesamten Probleme könnten also am normalen Arbeitsplatz via ISDN-Verbindung diskutiert werden, wobei die Mitarbeiter gegebenenfalls auch noch für das normale Tagesgeschäft erreichbar wären.

Dieses Beispiel zeigt auf, wie die Möglichkeiten aussehen könnten beim gut geplanten und gezielten Einsatz von ISDN-Multimedia-Funktionen. Noch mehr Gewicht bekommt das Ganze, wenn hierbei eventuelle Zulieferer eingeschaltet werden sollen, deren Standort entfernt liegt. Notwendige Entwicklungsdaten könnten dann per Fax an die Teilelieferanten weitergegeben werden und deren Stellungnahmen und Daten über den ganz normalen Filetransfer zur Entwicklungsabteilung gelangen.

Fazit: Bei Videokonferenzen kann auf alle Fälle eine Menge an Zeit eingespart werden, und die Reaktionszeiten auf Unklarheiten werden kürzer. Dieses Szenario ist ein Beispiel für eine GBG. Kostenfragen sind in jedem Einzelfall zu ermitteln. Das ist jedoch in diesem Zusammenhang ein anderes Thema.

8.3.2   **CIT**

Das computergestützte Telefonieren ist noch nicht sehr verbreitet. Dabei bietet diese zukunftsweisende Einrichtung eine Reihe interessanter Aspekte.

Eines dieser Einsatzgebiete stellt die telefonische Kontoabfrage dar. Der Kontoinhaber kann damit bei seiner Bank per Telefon den aktuellen Kontostand abfragen. Voraussetzung ist natürlich, daß die Bank diesen Service überhaupt anbietet. Der Kontoinhaber ruft eine bestimmte Nummer bei der Bank an. Er erhält eine computergesteuerte Verbindung mittels synthetischer Sprachausgabe. Der Computer gibt nun dem Benutzer Anweisungen für die nächsten Schritte. Nach Eingabe der Kontonummer und der persönlichen Geheimzahl gibt er phonetische Auskunft. Hier kann man von einer Art Dialog sprechen, welche durch Programmsteuerung funktioniert. Übrigens ist diese Art der „Kommunikation" auch im Analognetz möglich.

Eine andere Möglichkeit stellt die automatisierte Anwahl direkt aus dem Bildschirm heraus dar. Die Telefonnummern sind in einem Verzeichnis abgelegt und der Vorgang des Wählens wird per Mausklick in Gang gesetzt. Natürlich muß dazu der PC mit der TK-Anlage gekoppelt sein beziehungsweise einen integrierten Telefonanschluß besitzen. Einen Vorteil zumindest hat man dabei: das „Verwählen" kann weitgehend vermieden werden.

Am Display des ISDN-Telefons wird die Nummer des Anrufenden angezeigt, vorausgesetzt, daß dieser ebenfalls einen Digitalanschluß besitzt. Auch während eines anderen Gesprächs ist dies der Fall. Der Angerufene kann also sofort in seinem Adreß-Verzeichnis am PC nachschauen, um wen es sich handelt. Er ist also in der Lage, während des Gesprächs verschiedene abgespeicherte Daten zu bestimmten Vorgängen an den Bildschirm zu holen und dieselben umgehend zu aktualisieren.

Sodann wird die Entwicklung auch in umgekehrter Richtung für eine neue Kommunikationsqualität beim Telefonieren sorgen: das Einspeichern des gesprochenen Wortes in Text direkt auf den DB-Server. Allerdings ist das Gebiet der Sprachsteuerung noch relativ unterentwickelt, denn hier muß ein gewisser technischer Aufwand betrieben werden. Man kann sich jedoch gut vorstellen, daß ähnlich wie beim Anrufbeantworter keine Anwesenheit des Anzurufenden mehr erforderlich ist. Das Nichtzustandekommen eines Gesprächs infolge der „Besetzt"-Situation wird es dann nicht mehr geben, da die Nachricht erst einmal zwischengespeichert wird. Diese vielleicht utopisch anmutende Lösung ist im Endeffekt nichts weiter als eine Kombination des Anrufbeantworters und der Mailbox-Dienste. Ähnlich wie bei typischen EDV-Problemen kommt hierbei das Warteschlangenprinzip zum Zuge.

Jedenfalls kann die Kopplung des Computers mit dem Telefon für eine Vielzahl von Kommunikationsverbesserungen sorgen. Allerdings gilt gerade hierbei das Wirtschaftlichkeitsprinzip. Im privaten Bereich ist durchaus Bedarf vorhanden. In begrenztem Umfange sind mit CIT/CBT auch kommerzielle Einsatzgebiete betroffen.

8.3.3 Mobile Datenerfassung

Das örtlich ungebundene Erfassen und Weiterleiten von Daten und Informationen in Richtung Computernetz oder Zentralserver ist bei einigen Branchen und Tätigkeitsarten von großer Bedeutung.

Bei einem Versicherungsaußendienstmitarbeiter zum Beispiel kann die Nutzung des Laptop nicht nur zur Datenerfassung direkt beim Kunden erfolgen, sondern darüber hinaus das schnelle Weiterleiten der aktuellen Vertragsdaten per Datenfunk zweckmäßig sein. Auch mittels Handy mit gekoppelter Remote-Tastatur können Informationen zum Hauptrechnernetz übermittelt werden. Dabei gelangt das Modacom oder das Vsat-Netz der DBP Telekom in Verbindung mit Datex-P und ISDN als Übertragungsmedium zum Einsatz. Die Kundeninformationen und Vertragsdaten gelangen auf diese Weise natürlich sehr schnell in die zentrale Datenhaltung.

Die Datenübertragung auf dem Funkweg kann beispielsweise aus dem Auto heraus stattfinden und damit zeitversetzt zum Kundengespräch. Die sogenannten zellularen Netzwerke bilden im Prinzip Funkinseln. Je nach Standort des Senders übernehmen stationäre Relaisanlagen die Daten und können sie über einen Datex-P-Anschluß an den Empfänger weitertransportieren. Der umgekehrte Weg, nämlich das Abrufen von Daten aus der zentralen Datenbank hin zur tragbaren Station, ist ebenso möglich. Jedoch gibt es hierbei einige Sicherheitsaspekte zu beachten. Die Zugriffssteuerung muß aus Datenschutzgründen gut funktionieren. Der technische Aufwand bei solchen Datenverbindungen, vor allem in der Zentrale, ist nicht unerheblich.

Die Funknetze tragen auf alle Fälle zur Flexibilität bei, und das Breitband-ISDN wird auch hierbei noch eine zentrale Funktion einnehmen, vor allem bei der Transmission von Grafiken und Videobildern.

8.3.4   Der Möbelkauf

In der Verkaufsabteilung einer größeren Möbelhandelsfirma wird ein Telefonanruf entgegengenommen. Der Verkaufssachbearbeiter hat einen Privatkunden am Telefon, der eine Schrankwank zu kaufen beabsichtigt. Das Möbelstück soll die Maße 4,50 x 2,20 Meter nicht überschreiten und wenn möglich in Nußbaum hell ausgeführt sein. Ob so etwas am Lager vorhanden ist und wenn ja, dann bitte bis nächste Woche ausliefern.

Das Möbelhaus unterhält neben dem Hauptsitz mit Verwaltung noch einige Ausstellungsräume und Auslieferungslager in diversen Stadtteilen. Während der Kunde am Telefon wartet, wird der Sachbearbeiter aktiv. Zunächst ruft der Verkäufer im örtlichen Lager an, ob ein solcher Schrank vorrätig ist. Schränke sind genug da, aber leider ist der passende nicht dabei. Also wird im Auslieferungslager Nummer 1 angerufen.

Dort wird er fündig, nur der Schrank mißt 2,45 Meter. Kurze Rücksprache beim Kunden, er ist einverstanden. Da der Kunde keine Zeit hat, um persönlich in die Filiale zu gehen, bittet er um eine Videoübertragung des Schrankes. Da alle Beteiligten über einen PC mit Multimedia-Ausrüstung verfügen, ist das kein Problem. Der Kunde gibt sein OK und bestellt den Schrank. Per Fax wird die Bestellung bestätigt und gleichzeitig in der Filiale die Reservierung veranlaßt. Da es sich um einen Stammkunden handelt, befinden sich alle Daten aus früheren Geschäftsbeziehungen in der Datenbank. Der Sachbearbeiter ergänzt die Daten und druckt auch sofort die Begleitpapiere aus, und zwar über das Netz direkt auf den Filialdrucker. Die Lieferpapiere werden dort sofort an den Schrank geheftet und die Auslieferung per hauseigenem Fuhrpark veranlaßt. Gleichzeitig wird dem Kunden mitgeteilt, daß er den Schrank morgen früh gegen 10:00 geliefert bekommt. Die Rechnung ist bereits dabei. Das Gespräch wird beendet, und der Sachbearbeitet gibt per Mailbox eine Mitteilung an die Buchhaltung. Dort wiederum werden die Buchungen vorgenommen aufgrund der Vertriebsdatenbank-Eintragungen, und damit ist der ganze Vorgang fürs erste erledigt.

Hier liegt also ein typischer, alltäglicher Geschäftsvorgang vor. Dabei sind einige Abteilungen involviert, und es werden verschiedene Daten hin- und herübertragen. Der vernetzte PC mit den entsprechenden Zusätzen inklusive dem ISDN-Netz macht es möglich, daß ein solcher Vorgang schnell und mit dem geringstmöglichen Aufwand abgewickelt wird.

Früher mußte sich der Kunde persönlich in den Laden bemühen, mit dem Ergebnis, daß sein Auftrag nicht direkt ausgeführt werden konnte. Sodann mußten etliche Papiere per Post versendet werden. Es verging immerhin einige Zeit dabei, und die innerbetrieblichen Daten mußten auch noch mühsam und mit viel „Zwischentelefonaten" sowie Papierkram auf den aktuellen Stand gebracht werden. Es liegt also ein ganz normaler Fall einer LAN-WAN-Verbindung vor.

Fazit: Man kann bei einer durchdachten Organisation viel Zeit und unnötige Arbeit einsparen, wenn man die EDV und die Kommunikation integriert einsetzt.

8.3.5   Software-Entwicklung in der Niederlassung

In Softwarehäusern, deren Niederlassungen sich in allen Ballungszentren befinden, hat man wiederum andere Probleme zu lösen. Auch dort werden LAN-WAN-LAN-Verbindungen sinnvoll und zeitsparend eingesetzt.

Bei der Entwicklung von Programmen ist man auf den direkten Kontakt zu den Computerbibliotheken angewiesen. Das bedeutet eine permanente Online-Verbindung zwischen der Workstation und dem Zentralcomputer bzw. dem Inhouse-Netz. In der Mainframe-Umgebung sieht das zumeist noch so aus, daß eine Reihe von Terminals im LAN mit dem Host verbunden sind, und zwar ständig. Bei zunehmendem Einsatz von vernetzten PC´s ist das im Prinzip noch genauso. Der Hauptunterschied besteht darin, daß die eigentliche Programmierungsarbeit im Zusammenhang mit der lokalen Festplatte erfolgt und erst zum Zwecke des Testens auf die Host-Datenbanken zugegriffen werden muß. Sind die Programme ausgetestet, so werden sowohl Quell- als auch Runtime-Code vom PC auf den zentralen Server überspielt.

Im Rahmen eines Softwareprojektes sind nun mehrere Teams in mehreren Niederlassungen mit den jeweiligen Teilprojekten beschäftigt. Nun ist es eine kostspielige Angelegenheit, wenn alle Zweigstellen ständig mit dem zentralen Netz verbunden sind. Deshalb wird man zum Beispiel bei Systemtests, wo alle Komponenten harmonieren müssen, semipermanente Leitungen schalten. Das ISDN-Netz wird also nur sporadisch benutzt. Auch hierbei sind geschlossene Benutzergruppen sinnvoll und möglich. Die Datenübertragung der fertigen Programm-Module kann dabei nach Abschluß der Arbeiten in wenigen Minuten durchgeführt werden.

Hierbei wird das ISDN-Netz auf verschiedene Arten genutzt. Zusätzlich können Programmteile von Fremdherstellern per Download gezielt angefordert werden, und zwar nur in den Niederlassungen, welche sie auch tatsächlich benötigen. Ähnlich wird bei den Testdatenbeständen vorgegangen. Eine Gruppe ist verantwortlich für das Erstellen der Daten, und die anderen Gruppen erhalten diese Files dann per DÜ.

Das Laden von Runtime-Modulen aus der Netzserver-Bibliothek kann genau zu dem Zeitpunkt erfolgen, in dem diese zum Einsatz gelangen. Unter anderem vermeidet man damit eine redundante Datenhaltung.

8.3.6   CBT

CBT heißt Computer Based Training. Leider steht diese Abkürzung auch für Computer Based Telephony, so daß leicht Verwechslungen eintreten können. Der computergestützte Unterricht gewinnt ständig an Bedeutung. Dafür gibt es mehrere Gründe:

1.   Fachlehrgänge direkt in den Ausbildungsinstituten sind nicht eben billig.

2.   Der Lehrgangsteilnehmer ist während des Kurses nicht am Arbeitsplatz.

3.   Es entstehen Reisekosten.

Andererseits müssen die teils recht aufwendigen Softwarepakete auch gekauft oder geleast werden und können schnell veralten. Warum nicht einen Kompromiß eingehen? Das CBT unter ISDN-Modalitäten wird jedenfalls auch eine große Zukunft haben.

Der Fernunterricht per Computer könnte theoretisch am Abend stattfinden. Zum einen hat man dann Ruhe, und zum anderen gelten die verbilligten Verbindungs-Tarife. Wesentlich hierbei ist wiederum die Möglichkeit des PC-Einsatzes im ISDN-Netz. Neben den programmierten Texten bieten gute Kursunterlagen auch Grafiken und Fotografien. Der didaktische Vorteil ist wohl ohne jeden Zweifel vorhanden. Zusätzliche Downloads beispielsweise von wichtigen Textpassagen usw. können durchgeführt werden.

Es gibt bereits Lehrprogramme, welche sich auf den Teilnehmer einstellen und den individuellen Lernfortschritt permanent kontrollieren können. Der „Tele"-Unterricht wird in absehbarer Zeit in vielen Bereichen der Wirtschaft und auch auf privater Ebene für Umwälzungen im Ausbildungssektor sorgen. Selbst in Schulen und sonstigen Ausbildungsstätten wird diese Lernmethode Einzug halten. Pilotprojekte sind bereits installiert. Selbst Gruppenunterricht wird mit CBT möglich werden. Innerbetriebliche Videokurse gibt es ebenfalls schon. Mit ISDN, auch auf Breitbandbasis, eröffnen sich am PC neuartige Bildungswege.

8.3.7   Helpdesk

Der Helpdesk ist in vielen Betrieben zu einem festen Bestandteil geworden. Es handelt sich dabei um einen Arbeitsplatz, an dem in erster Linie Hilfestellung bei technischen Problemen mit der Hardware und Software gegeben wird. Diese Anlaufstelle bei innerbetrieblichen Schwierigkeiten im Zusammenhang mit Computernetz und Anwendungsprogrammen kann natürlich nicht jedem auftretenden Problem selbst nachgehen. Vielmehr werden die Fragen und Reklamationen an die zuständigen Fachstellen weitergeleitet. Es handelt sich also um eine Art „Erste-Hilfe"-Stelle, welche entweder per Telefon oder über Mailbox versucht, einen Lösungsweg aufzuzeigen oder die jeweils für den bestimmten Teilbereich zuständigen Mitarbeiter einzuschalten. Natürlich werden dort im Regelfalle Fachleute sitzen, die den Betrieb und dessen technische Infrastruktur möglichst perfekt kennen müssen und darüber hinaus auch die Anwendungen.

Eine Ferndiagnose bei telefonisch durchgegebenen Informationen über aufgetretene Arbeitsbehinderungen ist vielfach nicht ohne weiteres möglich. Deshalb wird ein Helpdesk-Arbeitsplatz mit PC auf alle Fälle im Netz integriert werden. Mehrere Telefone und der direkte ISDN-Anschluß sind zu empfehlen, desgleichen ein Mailboxsystem für das Zwischenspeichern von Meldungen und Informationen. Auf diesem Wege können häufig auch die Hinweise auf Problemlösungen zurückgegeben werden.

Bei einem Unternehmen mit Außenstellen wird hier die ISDN-Anbindung, im Idealfall mit Multimedia-Ausrüstung, sinnvoll sein. Der Zugriff auf sämtliche Netze und Subnetze inklusive der Server und auf alle EDV-Anwendungen ist erforderlich. Es ist nämlich häufig erforderlich, daß ein bestimmtes Problem oder ein Testfall direkt am Helpdesk nachvollzogen werden muß, um Diagnosen und Ursachenforschung betreiben zu können. Natürlich muß der Helpdeskmitarbeiter Sonderrechte im Netz bekommen, und gewisse Zugriffsrechte auf Applikationen sind unumgänglich.

Es ist ganz klar, daß gerade an diesem Arbeitsplatz die Integration „EDV - Kommunikation" auf allen technischen Ebenen recht intensiv benötigt wird. Unter Umständen sind hier auch die Temex-Dienste für Ferndiagnose und Fernwartung zusätzlich zu integrieren.

| 8.3.8 | **Weitere Modelle** |

Im Grunde kann man feststellen, daß die vernetzten Dienste im ISDN beinahe an jedem Arbeitsplatz in irgendeiner Form genutzt werden können. Man muß als erstes eine umfassende Analyse durchführen. Zur Abrundung noch einige weitere Stichworte für mögliche Lösungsansätze unter ISDN-Nutzung:

- Private Auskunftssysteme und Datenbank-Dienste;

- Dokumenten-Verwaltungs-Systeme;

- „Papierloses" Büro (nur in Teilbereichen realisierbar);

- Innerbetriebliches Vorschlagswesen;

- „Schwarzes Brett" mit Mailbox-Hilfe;

- Benutzeranleitungen und Anwendungsbetreuung im PC-Netz;

- Aktennotiz-Service;

- Rundschreiben, Firmenreports und elektronische Zeitungen;

- Update-Service für Software-Installationen;

- Elektronische Bibliotheken für Fachliteratur;

- Erfahrungssammlung bei Helpdesks zur Publikation.

Im Grunde kann jeder Mitarbeiter eigene Ideen und Vorschläge für seine Arbeitsumgebung entwickeln.

8.4   ISDN-Antragsformular

Zum Schluß werden noch einige Gedanken und Hinweise zum ISDN-Antragsformular festgehalten. Ohne Formblätter geht es nun einmal nicht.

Allerdings handelt es sich nicht um eine Ausfüllanleitung, die liegt dem Formblatt sowieso bei. Vielmehr werden nur einige Hinweise zu den Konsequenzen beim Ausfüllen gegeben. Ein

Kreuzchen bedeutet zumeist Zusatzkosten, und sämtliche Möglichkeiten und Variationen beim ISDN-Anschluß sind nicht erforderlich. Im übrigen wird empfohlen, vor dem Ausfüllen bei der zuständigen Stelle der DBP Telekom Unterstützung einzuholen. Diese ist ohnehin kostenlos. Eine gewisse Beratung ist notwendig, dies schon deshalb, weil die Bedingungen sich ändern können.

Das Formular nennt sich „Telekommunikationsdiensteauftrag im ISDN (Universalanschluß)". Der interessierte Anwender sollte sich auf alle Fälle folgende Fragen selbst beantworten:

- Wird der Telefaxdienst genutzt?
- Wenn ja: sind vorhandene Gruppe-3-Geräte zu implementieren?
- Ist die Nutzung des Datex-J vorgesehen?
- Existiert eine Telekommunikationsanlage und soll sie komplett ans ISDN?
- Müssen mehrere Dienste gleichzeitig genutzt werden können?
- Wieviele Telefonverbindungen (sprich: Amtsleitungen) müssen in etwa zugleich möglich sein?
- Ist der Zugang zu Datex-P vorgesehen?
- Werden die MODACOM-Dienste integriert?
- Wird Telex/Teletex ebenfalls noch genutzt?
- Wird ISDN phasenweise ausgebaut?
- Sollen GBG´s eingerichtet werden?
- Speziell beim Telefon: „Sperren" oder „Gebührenübermittlung"?

Kurz: alle Dienste werden Gebühren kosten, und in einigen Fällen sind technische Voraussetzungen, auch postseitig, zu schaffen. Viele Sonderfunktionen haben mit dem Anschluß als solches nichts zu tun und können sporadisch dazugeschaltet oder nachträglich beantragt werden.

Der künftige ISDN-Anwender muß sich auch zwischen einem oder mehreren S_O-Anschlüssen oder einer S_{2M}-Schnittstelle entscheiden.

Vor dem eigentlichen ISDN-Anschluß sollten auf jeden Fall die Voruntersuchungen abgeschlossen sein und Datenpapiere vorliegen.

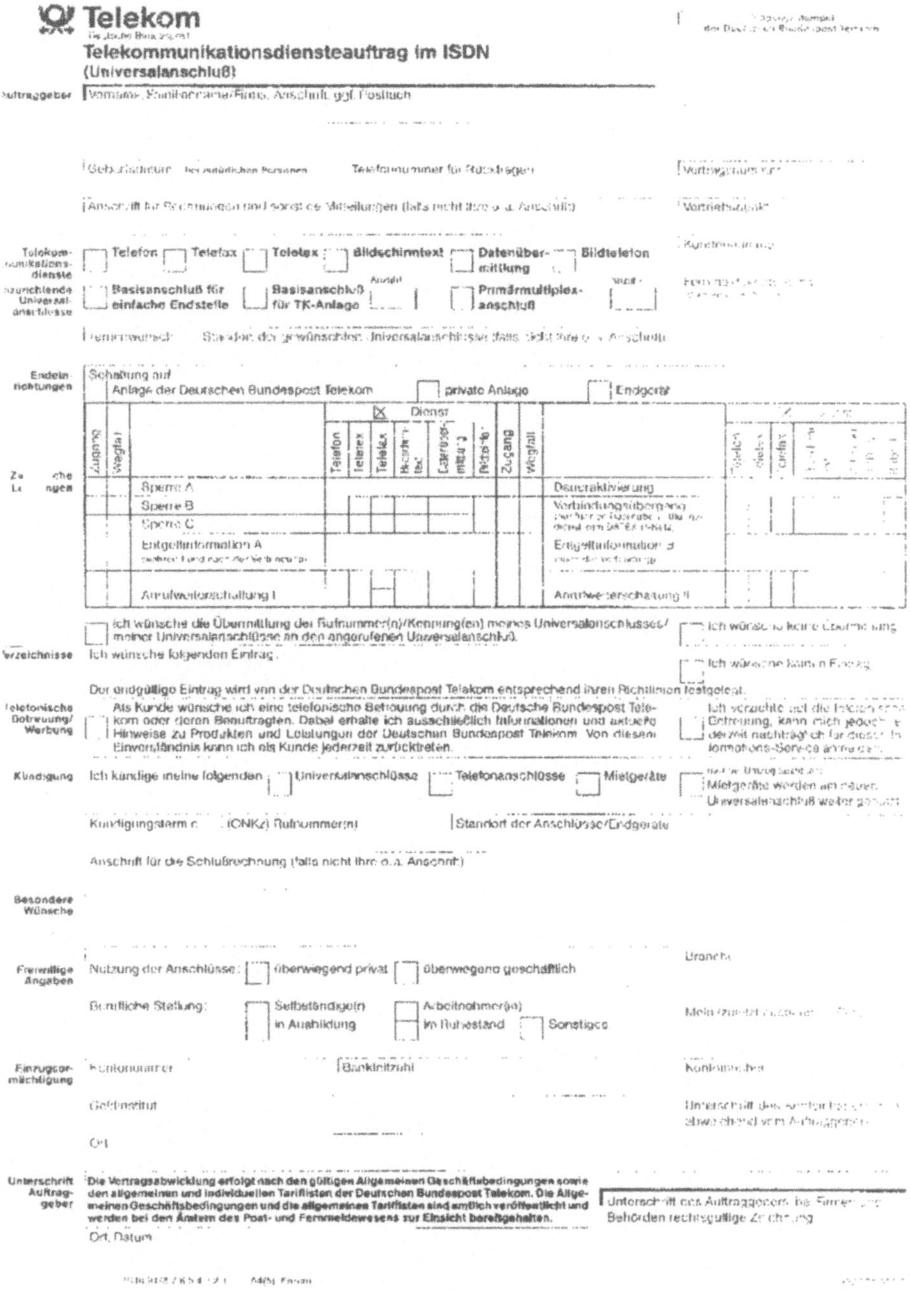

Telekom

Telekommunikationsdiensteauftrag im ISDN

(Universalanschluß)

Auftraggeber: Vorname, Familienname/Firma, Anschrift, ggf. Postfach

Geburtsdatum bei natürlichen Personen | Telefonnummer für Rückfragen | Vertragsnummer

Anschrift für Rechnungen und sonstige Mitteilungen (falls nicht Ihre o.a. Anschrift) | Vertriebsstelle

Telekommunikationsdienste: Telefon | Telefax | Teletex | Bildschirmtext | Datenübermittlung | Bildtelefon

Einzurichtende Universalanschlüsse: Basisanschluß für einfache Endstelle | Basisanschluß für TK-Anlage | Anzahl | Primärmultiplexanschluß | Anzahl

Terminwunsch | Standort der gewünschten Universalanschlüsse (falls nicht Ihre o.a. Anschrift)

Endeinrichtungen: Schaltung auf Anlage der Deutschen Bundespost Telekom | private Anlage | Endgerät

Zusätzliche Leistungen: Zugang | Wegfall | Dienst: Telefon, Telefax, Teletex, Bildschirmtext, Datenübermittlung, Bildtelefon | Zugang | Wegfall

Sperre A | Sperre B | Sperre C | Entgeltinformation A | Anrufweiterschaltung I

Daueraktivierung | Verbindungsübergang | Entgeltinformation B | Anrufweiterschaltung II

Ich wünsche die Übermittlung der Rufnummer(n)/Kennung(en) meines Universalanschlusses/meiner Universalanschlüsse an den angerufenen Universalanschluß. | Ich wünsche keine Übermittlung

Verzeichnisse: Ich wünsche folgenden Eintrag: | Ich wünsche keinen Eintrag

Der endgültige Eintrag wird von der Deutschen Bundespost Telekom entsprechend ihren Richtlinien festgelegt.

Telefonische Betreuung/Werbung: Als Kunde wünsche ich eine telefonische Betreuung durch die Deutsche Bundespost Telekom oder deren Beauftragten. Dabei erhalte ich ausschließlich Informationen und aktuelle Hinweise zu Produkten und Leistungen der Deutschen Bundespost Telekom. Von diesem Einverständnis kann ich als Kunde jederzeit zurücktreten.

Kündigung: Ich kündige meine folgenden Universalanschlüsse | Telefonanschlüsse | Mietgeräte | Mietgeräte werden am neuen Universalanschluß weiter genutzt

Kündigungstermin | (ONKz) Rufnummer(n) | Standort der Anschlüsse/Endgeräte

Anschrift für die Schlußrechnung (falls nicht Ihre o.a. Anschrift)

Besondere Wünsche

Freiwillige Angaben: Nutzung der Anschlüsse: überwiegend privat | überwiegend geschäftlich | Branche

Berufliche Stellung: Selbständige(r) | Arbeitnehmer(in) | in Ausbildung | im Ruhestand | Sonstiges

Einzugsermächtigung: Kontonummer | Bankleitzahl | Kontoinhaber | Geldinstitut | Ort

Unterschrift Auftraggeber: Die Vertragsabwicklung erfolgt nach den gültigen Allgemeinen Geschäftsbedingungen sowie den allgemeinen und individuellen Tariflisten der Deutschen Bundespost Telekom. Die Allgemeinen Geschäftsbedingungen und die allgemeinen Tariflisten sind amtlich veröffentlicht und werden bei den Ämtern des Post- und Fernmeldewesens zur Einsicht bereitgehalten.

Ort, Datum | Unterschrift des Auftraggebers, bei Firmen und Behörden rechtsgültige Zeichnung

Bild 8-3: ISDN-Antragsformular

Anhang A: Glossar und Abkürzungen

Hier werden wichtige Begriffe und Abkürzungen erläutert. Es wird auf die weiteren Verzeichnisse in diesem Buch verwiesen, welche als Ergänzung zu sehen sind.

a/b
Schnittstelle am analogen Telefon mit unterschiedlichen Endgeräten. Zweidrahtverbindung mit Kupferkabel.

Adapter
Bauelement zur Verbindungsrealisierung zwischen verschiedenen Systemen oder Geräten.

analog
entsprechend; Darstellungsprinzip von Werten durch Frequenzen, Zeiger etc.

ANSI
American **N**ational **S**tandards **I**nstitute; nationales Standardisierungs-Gremium der USA.

API
Application **P**rogramming **I**nterface; Softwareschnittstelle für den Client-Zugriff auf die Ressourcen im Netz.

APPC
Advanced **P**rogram-to-**P**rogram **C**ommunication; Software als Middleware zur direkten Kommunikation zwischen mehreren LAN-PC's im SNA.

APPLI/COM
Software-Schnittstelle zwischen Applikationsprogramm und Kommunikationssoftware, erlaubt das direkte Senden und Empfangen aus der Anwendung heraus. (**Appli**cation/**Com**munication).

APPN
Advanced **P**eer-to-**P**eer-**N**etworking; Punkt-zu-Punkt-Verbindung im SNA zwischen LAN-PC's, Hardwareverbindung.

ASCII	American Standard Code for Information Interchange; 8-bit-Code, welcher in allen PC's zur Datendarstellung dient.
ATM	Asynchronous Transfer Mode; Transportmethode speziell für das Breitband-ISDN. Dabei werden Daten fester Länge gebildet: 53 Bytes Gesamtlänge, davon 48 für Nutzdaten und 5 für Headerinformationen.
BaAs	Basisanschluß
Backbone	(=Rückgrat); hierunter versteht man den inneren Kern eines Netzes, der sich durch hohe Geschwindigkeit und Zuverlässigkeit auszeichnet. Bei einer LAN-WAN-LAN-Verbindung bildet beispielsweise das ISDN den Backbone.
Backend	in einer Client/Server-Umgebung die Server-Seite.
Bandbreite	die Differenz zwischen der obersten und der untersten Frequenz. Die B. gibt quasi Hinweise auf die Übertragungsgeschwindigkeit (Frequenzbereich). Je größer die Bandbreite, desto mehr Informationen sind pro Zeiteinheit übertragbar.
Basisanschluß	ISDN-Teilnehmeranschluß mit zwei gleichzeitigen, voneinander unabhängigen Verbindungen (2 B-Kanäle) und einem Steuerkanal (D-Kanal).
Basiskanal	ISDN-Übertragungskanal mit 64 Kbit/s Leistung, für Nutzdatentransport.
Baud	siehe Übertragungsrate
bit	Die kleinste Speichereinheit für Datendarstellung in binärer (dualer) Form. Nimmt genau zwei Wertigkeiten an: „0" für „Aus", „1" für „Ein". Kürzel für **b**inary dig**it**.

B-Kanal	Leitungsanteil im ISDN, welcher die Nutzdaten überträgt (im Gegensatz zum D-Kanal).
Block	Eine Gruppe zusammenhängender Zeichen bei der Datenübertragung.
board	Leiterplatte; Steckeinheit in PC's mit integrierten u. spezifischen Funktionen.
Breitbandnetz	Das Netzwerk der Zukunft, welches als Hochgeschwindigkeitsnetz mit mehreren Mbit/s arbeitet. Im allgemeinen wird jedes Netz mit höheren Übertragungsgeschwindigkeiten als 64 Kbit/s als B. bezeichnet.
Breitband-ISDN	**(auch B-ISDN)** Weiterentwicklung des nationalen ISDN; Glasfasertechnik, Mehrkanalprinzip, erreicht deutlich höhere Datenübertragungsraten und Zusatzdiensteangebote.
Bridge	Einrichtung zur Verbindung zweier homogener Netze. Kann aus Hardware für die physikalische Verknüpfung und aus Software für die logische Verbindung bestehen.
Brouter	Kombination zwischen Bridge und Router.
Btx	**B**ildschirm**text**; Kommunikations- und Informationsdienst der DBP Telekom, private und öffentliche Anbieter, Nutzung über Analognetz und ISDN.
Bus	Datensammelleitung zur Übertragung zwischen unterschiedlichen Funktionseinheiten. Dient der bitparallelen Übertragung von Daten und Steuerungsinformationen. Alle Teilnehmer haben gleichrangigen Zugriff.
Byte	8 bit; kleinste adressierbare Speicherstelle im Computer, kann i.d.R. ein Zeichen aufnehmen, $2^8 = 256$ Kombinationsmöglichkeiten.

CAD	Computer **A**ided **D**esign; computergestütztes Entwerfen.
CAM	Computer **A**ided **M**anufacturing; computergestütztes Fertigen.
CAPI	Common-ISDN-**API.**
CBT	Computer **B**ased **T**elephoning; das computerunterstützte Telefonieren.
CBX	Computer **B**ranch **E**xchange; digitale computergestützte Nebenstellenanlage, siehe auch PBX.
CCITT	Comité Consultatif International **T**élégraphique et **T**éléphonique; internationaler Ausschuß, welcher über die Standardisierung des Fernmeldewesens berät, anerkannte Standards.
CEPT	Conférence Européenne des Administrations des **P**ostes et **T**élécommunications; Gremium der europäischen Postverwaltungen.
CICS	**C**ustomer **I**nformation **C**ontrol **S**ystem; Online-Steuerungssystem für Multi-User-Systeme bei IBM-Mainframes, unterstützt transaktionsorientiertes Arbeiten am Zentralcomputer.
CIT	Computer **I**ntegrated **T**elephony; computerintegriertes Telefonieren.
Client	Kunde; die Benutzeroberfläche auf der Front-End-Seite. Gemeint sind alle Bildschirme, PC's oder auch Anwender, die im Netzwerk eingebunden sind. Auch Diensteanforderer oder Auftraggeber.
Common-ISDN-API	Softwareschnittstelle; angesiedelt zwischen der Protokollsoftware und der ISDN-Kommunikationssoftware, erlaubt den hardwareunabhängigen Zugriff auf ISDN-PC-Boards.

CPU	Central Processing Unit; die zentrale Steuerungseinheit eines Computers, der Mikroprozessor-Chip.
CSMA/CD	Carrier Sense Multiple Access / Collision Detection; Zugriffsverfahren in Bus-Strukturen für die Steuerung und Überwachung.
D/A	Digital-/Analog-Wandler; Gerät oder Einrichtung zur Umwandlung von analogen Impulsen in digitale und umgekehrt.
Datagram	Datenkurzmitteilung; separates Datenpaket mit Steuerinformationen. Enthält die Absender- und Empfängerangaben.
Datendirektverbindung	Standleitung zur Datenübermittlung, früher HfD. Eine (auch zeitlich begrenzbare) Dauerverbindung zwischen zwei Kommunikationspartnern.
Datenstation	besteht aus DEE und DÜE.
Datex-J	**Datex** für **J**edermann, ehemaliger DBP Telekom-Service „Btx".
Datex-L	**Dat**a **Ex**change, wobei das „L" für Leitungsvermittlung steht. Daten werden in undefinierten Größen durch die Leitung gesendet. Die Leitung ist zeitlich limitiert geschaltet, und beide Endpunkte müssen über dieselbe Geschwindigkeit verfügen. Die asynchrone Übertragung wird über das X.20 reglementiert und die synchrone Übertragung durch X.21. Die Tarife werden vorwiegend verbindungsbezogen ermittelt.
Datex-M	MAN-Netz in Großstädten (m wie metropolitan); das deutsche Pendant der DBP Telekom zu SMDS, für LAN-WAN-LAN-Verbindungen unter Nutzung der Breitbandtechnik.

Datex-P	**Da**ta **Ex**change mit **P**aketvermittlung. Geregelt wird der paketorientierte Datentransfer vom CCITT-X.25-Protokoll. Die Übertragungsrate beträgt 64 Kbit/s, und zwar unabhängig von den Benutzernetzen. Die Tarife berechnen sich primär nach dem tatsächlich übertragenen Datenvolumen. Die Daten werden paketiert in fester Länge, beim Empfänger werden sie allerdings entpaketiert ankommen. Datex-P kann von drei Netzen aus benutzt werden: Datex-L, Analog-Telefonnetz und ISDN.
DBMS	**D**ata **B**ase **M**anagement **S**ystem; allgemeine Abkürzung für unterschiedliche Arten von Datenbank-Verwaltungssystemen wie ORACLE, IMS, DBASE etc.
DB/2	**D**ata **B**ase / **2**; das relationale Datenbanksystem der IBM, vorwiegend auf Mainframes im Einsatz.
DDV	siehe Datendirektverbindung, Standleitung.
DEE	**D**atenendeinrichtung; darunter versteht die DBP alle Endgeräte in privater Hand, welche mit der eigentlichen Datenübermittlung nicht direkt tätig sind.
DFÜ	**D**aten**f**ern**ü**bertragung; das Übermitteln von Daten außerhalb lokaler Netze.
DFV	**D**aten**f**ern**v**erarbeitung; das Durchführen von Datenverarbeitungsfunktionen auf einem entfernt aufgestellten Rechnersystem, dabei wird die DFÜ i.d.R. implementiert.
digital	Darstellungsform von Informationen in Binärform, also auf der Basis von zwei Wertigkeiten: ein oder aus, 1 oder 0.

DIVO	**Di**gitales **V**ermittlungssystem für den **O**rtsdienst; das ist die ISDN-Ortsvermittlung mit Benutzeranschlüssen.
D-Kanal	Leitungsanteil im ISDN für die Übermittlung von Steuerungsdaten, also der Signalisierung und Zeichengabe für die Kontrolle der Telekommunikation (Steuerkanal).
Directory	Inhaltsverzeichnis; Verzeichnis einer Festplatte oder Diskette mit Namens-Symbolen für bestimmte Datenbestände.
DISOSS	**Di**stributed **O**ffice **S**upport **S**ystem; Text- und Dokumentenverwaltungssystem unter MVS-Systemen.
DL/1	**D**ata **L**anguage / **1**; Datenbanksprache Nr. 1, von IBM entwickelt, siehe auch IMS/DB.
DOS	**D**isk **O**perating **S**ystem; allgemeiner Begriff für ein Plattenbetriebssystem. Unter DOS versteht man unterschiedliche Betriebssysteme von verschiedenen Herstellern, z.B. MS-DOS = Microsoft-DOS.
Downsizing	Strategie, um systematisch die Mainframes durch PC-Netze und Minicomputer zu ersetzen. Auch das Umsetzen von proprietären in offene Systemumgebungen.
DÜ	**D**atenübertragung/ -Übermittlung.
DÜE	**D**aten**ü**bertragungs**e**inrichtung; Beispiel: Modem.
Duplex-Betrieb	Betriebsart für gleichzeitigen Sende- und Empfangsbetrieb.
DVSt-L	**D**atenvermittlungs**st**elle (Leitungsvermittlung); Einrichtung der DBP Telekom im öffentlichen Netz.

DVSt-P	**D**atenvermittlungsstelle (**P**aketvermittlung); Einrichtung der DBP Telekom im öffentlichen Netz.
EAZ	**E**ndgeräteauswahl**z**iffer; im ISDN die letzte Ziffer der Durchwahl, um ein bestimmtes Endgerät direkt zu erreichen.
EBCDIC	**E**xtended **B**inary **C**oded **D**ecimal **I**nterchange **C**ode; 8-bit-Code, von IBM eingeführter Datendarstellungscode auf Mainframes.
EDI / EDIFACT	**E**lectronic **D**ata **I**nterchange / **f**or **A**dministration, **C**ommerce and **T**ransport; elektronischer Datenaustausch über ein standardisiertes Format. Wird primär bei der Dokumenten- und Formularverwaltung eingesetzt.
E-DSS1	**E**uropean **D**igital **S**ubscriber **S**ignalling System No. **1**; das europäische ISDN-Protokoll für das Euro-ISDN.
EDV	**E**lektronische **D**aten-**V**erarbeitung; Oberbegriff für alle maschinellen Datenver- und -bearbeitungs-Aktivitäten mit Hilfe elektronischer Rechenanlagen. Der modernere Begriff ist IT für Informations-Technologie.
EG	**E**ndgerät; z.B. Telefon, PC, LAN-Anschluß, Drucker, Fax.
Emulation	Nachahmung eines bestimmten Rechnertyps auf einem anderen Rechner; z.B. 3270-Emulation: hier wird der Terminaltyp IBM-3270 der Mainframes auf dem PC simuliert.
EPBX	**E**lectronic **P**rivate **B**ranch **E**xchange; siehe PBX.
Ethernet	eines der am meisten verbreiteten Lokalnetzwerke. Arbeitet mit Bus-Topologie und CSMA/CD.

ETSI	(**E**uropean **T**elecommunication **S**tandard **I**nstitute); das europäische Normungsinstitut für Telekommunikation; Nachfolgeorganisation des CCITT.
Euro-ISDN	Europäisches ISDN; 1989 im MoU verabschiedetes Übereinkommen, mit dem Ziel, ein europaweites ISDN einzuführen. Es sind bis heute nur einige Nationen daran beteiligt.
FDDI	**F**iber **D**istributed **D**ata **I**nterface; das Token-Passing-Glasfasernetz in Ringtopologie.
File	Datei; logisch zusammengehörige Datensammlung auf externen Speichermedien. Die Files werden im Computer in dem Directory geführt unter Vergabe eines symbolischen Namens. Jedes Programm ist dabei ein File genauso wie der Begriff „Artikelstammdatei".
File-Server	auch Datei-Server; Dateiverwaltungs-Funktionseinheit, für die Verwaltung und Bereitstellung von Dateien, Datenbanken und Programmen, für alle Clients (Nutzer) im Netz.
Frame	Rahmen; Übertragungseinheit bei der Datenübertragung.
Frontend	In C/S-Architekturen die Client-Seite, Workstations etc.
FTAM	**F**ile **T**ransfer, **A**ccess and **M**anagement; Protokoll der ISO-Schicht 7.
FTZ	**F**ernmelde**t**echnisches **Z**entralamt; Behörde innerhalb der DBP Telekom, welche Richtlinien und Zulassungsgenehmigungen für alle am öffentlichen Netz teilnehmenden Einrichtungen erteilt.

FVV	Feste virtuelle Verbindung; siehe Datendirektleitung.
Gateway	Einrichtung, welche zwei heterogene Netze miteinander verbindet. Eine intelligente Schnittstelle zwischen LAN's und öffentlichen Netzen.
GBG	**(geschlossene Benutzergruppe)** Hierunter versteht man eine eingeschränkte und vorbestimmte Zahl von Kommunikationsteilnehmern, die quasi ein „Teilnetz im Netz" bilden.
GUI	Graphical User Inferface; grafische Benutzeroberfläche. Im Gegensatz zu der zeichenorientierten Oberfläche wie bei der Menutechnik werden hier grafische Symbole benutzt, um per Mausklick die Software am Computer zu starten.
Halbduplex-Betrieb	Betriebsart für wechselseitiges Senden und Empfangen, also nicht gleichzeitig wie Duplex.
Hardware	Oberbegriff für alle Geräte oder Bauteile in einem Computersystem. (Gegensatz: Software).
HDLC	**H**igh-Level **D**ata **L**ink **C**ontrol; Steuerungs- und Sicherungsverfahren für die Datenübertragung, siehe SDLC von IBM.
Hexadezimal	Zahlendarstellung mit Basis 16, 0-9 und A-F sind die Adäquate. Anm.: durch die hexadezimale Schreibweise können binäre Inhalte von Datenfeldern wesentlich besser und leichter gelesen werden, wobei ein Hexazeichen für den Inhalt eines Halbbytes steht.
HfD	**H**auptanschluß **f**ür **D**irektruf; siehe Datendirektverbindung.

Host	Großrechnersystem; im Prinzip ist damit der zentrale Rechner gemeint (siehe auch Mainframe).
Hub	Nabe; Baugruppe zur Verteilung von Datenströmen an verschiedene Netzteilnehmer. Er dient auch der Signalverstärkung.
IAE	ISDN-Anschluß-Einheit.
IDN	das **i**ntegrierte **D**aten**n**etz der DBP Telekom; umfaßt im wesentlichen die folgenden Dienste: Datex-L, Datex-P, Telex, Teletex, Direktruf.
IN	**I**ntelligentes **N**etz.
IEEE	**I**nstitute of **E**lectrical and **E**lectronics **E**ngineers; das amerikanische Pendant zum CCITT bzw. ETSI, dessen LAN-Spezifikationen 802 besonders im Zusammenhang mit ISDN wichtig sind.
IMS/DB	**I**nformation **M**anagement **S**ystem / **D**ata **B**ase; der Datenbankteil unter IMS, dem von IBM entwickelten hierarchischen Datenbanksystem für Hosts. (IMS besteht aus den Teilen IMS/DB und IMS/DC, wobei beide Teile nicht unbedingt miteinander eingesetzt werden müssen).
IMS/DC	**I**nformation **M**anagement **S**ystem / **D**ata **C**ommunication; der Online-Teil des IMS, siehe auch IMS/DB.
interaktiv	Computernutzungs-Betriebsart, bei der ein Anwender im Dialog mit der Anwendungssoftware steht (siehe CICS oder TSO).
Interface	Schnittstelle.
Internetworking	Die Kommunikation zwischen Netzwerken, welche physisch getrennt sind.

Interworking Port	Zugangseinrichtung von ISDN zum Daten-P, Telekom-Eigentum.
I/O	Input/Output; Ein- und Ausgabe. Damit sind alle Computeraktivitäten für die Datenübertragung von externen Speichermedien zum internen Speicher und umgekehrt gemeint, allgemein: der Datenverkehr zwischen RAM und jeglicher Peripherie.
IPX	Internet Packet Exchange Protocol; die Vermittlungsschicht-Schnittstelle von NetWare.
ISA-Bus	Industry Standard Architecture; 8-bit-Bus-System in PC's.
ISO	International Standards Organization; internationales Standardisierungs-Gremium, das vor allem das OSI-7-Schichten-Referenzmodell für die Telekommunikations-Standardisierung entwickelt hat.
ISPBX	Integrated Services Private Branch Exchange; ISDN-Telekommunikations-anlage.
IT	Informations-Technologie; der allgemeine Begriff für die gesamte betriebliche Datenverarbeitung, Kommunikation und Organisation derselben.
JCL	Job Control Language; Jobsteuersprache, Kommandofolge bei IBM-MVS-Anlagen, welche den automatisierten Ablauf von Batch-Jobs erlaubt.
Job	Aufgabe; im EDV-Sprachgebrauch eine vorgefertige Prozedur, um dem Rechner das Durchführen einer bestimmten Aufgabe zuzuweisen.
Kanal	Übertragungsweg zwischen zwei Datenübertragungseinrichtungen; der Begriff ist in logischer und physikalischer Hinsicht zu verstehen.

Knoten	Station im Netz (Rechner oder sonstiges Gerät), deren Verbindungsmöglichkeiten die Architektur bzw. Topologie des Netzwerkes mitbestimmen.
Kommunikations-Server	Funktionseinheit für LAN-Zugriffe außerhalb des LAN.
Kompatibilität	Eigenschaft von Geräten oder Komponenten, die ohne Änderungen an andere Systeme gekoppelt werden können.
LAN	Local Area Network; ein lokales Netzwerk, i.d.R. in Privatbesitz, d.h. die Netzkomponenten befinden sich innerhalb der Grundstücksgrenze.
LU	Logical Unit; SNA-Begriff für Programmschnittstellen.
Mainframe	Host, Großrechner.
MAN	Metropolitan Area Network; Netzwerk in Großstädten, als Hochgeschwindigkeitsnetze ausgelegt. Ein MAN kann als Backbone zwischen LAN-Kopplungen eingesetzt werden.
MODACOM	Mobile Data Communication; Telekom-Netz auf der Basis der C- und D-Netze zum Zwecke des Datenaustausches mit tragbaren Telefonen.
Modem	Modulator / Demodulator; Datenübertragungseinrichtung mit Umwandlungsfunktion von digital in analog und umgekehrt.
MoU	Memorandum of Understanding; die Festlegung von Standards und vereinheitlichten Vorgehensweisen, Teilnehmer sind Staaten und Firmen.
Mpx	Multiplexer; siehe Multiplexing
Multiplexing (MUX)	Das Verfahren, bei dem mehrere Eingangssignale auf eine Ausgangsleitung transferiert werden können. Auch als Kanalbündelung geläufig.

Multitasking	Die Fähigkeit eines Computers, mehr als eine Aufgabe zur gleichen Zeit abzuhandeln. Der Begriff „gleichzeitig" ist dabei nicht wörtlich zu nehmen, in Wirklichkeit wird das Zeitscheibenverfahren eingesetzt. Hier stellt der Prozessor jeder Task reihum eine gewisse Zeitspanne zur Verfügung.
MVS	**M**ulti **V**irtual **S**ystem; IBM-Betriebssystem für Großrechnerinstallationen.
NCP	**N**et**W**are **C**ore **P**rotocol; Novell's Netzwerkprotokoll zur Verbindung von Fileservern mit Workstations.
NCP	**N**etwork **C**ontrol **P**rogram; Novell-NetWare-spezifisches Protokoll.
NDIS	**N**etwork **D**evice **I**nterface **S**pecification; Treiberspezifikation von Microsoft.
NetBIOS	Industriestandard für DOS-PC's, LAN-Schnittstelle.
NetWare	Novell's Netzbetriebssystem-Software.
NT	**N**etwork **T**erminator, Netzabschluß; das ist die Schnittstelle zwischen dem öffentlichen Netz und den privaten Einrichtungen (siehe S_O und S_{2M}).
ODI	**O**pen **D**ata-Link **I**nterface; Treiberspezifikation von Novell.
Oktett	siehe Byte; im Zusammenhang mit der Datenübertragung gebräuchlich.
ON	**O**rts**n**etz; alle Telefonteilnehmer, die an einer Ortsvermittlungsstelle angeschlossen sind.
ONKz	**O**rts**n**etz**k**ennzahl; auch bekannt als Vorwählnummer im Selbstwählverkehr.
OSA	**O**pen **S**ystems **A**rchitecture; offene Systemarchitektur.

OSI

Open **S**ystems **I**nterconnection; internationaler Standard zur Verbindung von heterogenen Netz- und Rechnerwelten auf der Basis von 7 Layers oder Ebenen.

PABX

siehe PBX

PAD

Packet **A**ssembler and **D**isassembler; Paketier- und Entpaketiereinrichtung. Die Anpassungstechnik zwischen Paketorientierung und Leitungsorientierung.

PBX

Private **B**ranch **E**xchange; Nebenstellenanlage in Privatbesitz, vornehmlich für Telefonie und Fax, zunehmend auch für die Datenübertragung geeignet.

PC

Personal **C**omputer; im Gegensatz zum Mainframe ein eigenständiger Rechner mit eigenem Prozessor.

PCMCIA

Personal **C**omputer **M**emory **C**ard **I**nternational **A**ssociation; internationale Vereinigung von PC-Speicherkartenherstellern.

Peer-to-Peer-Networking

Ein P.-Netzwerk wird auch als low-cost-network bezeichnet. Es können zwei Netzknoten direkt miteinander in Verbindung treten ohne Serverfunktionen.

PIN

Personal **I**dentification **N**umber; Geheimzahl zur Teilnahme bei bestimmten Telekommunikations-Prozessen. Bedeutet auch: die Steckerbelegung bei Mehrfachverbindungen.

Primärmultiplex

Im Gegensatz zum Basisanschluß der ISDN-Teilnehmeranschluß, bei dem 30 voneinander unabhängige Verbindungen aktiviert werden können (siehe S_{2M}).

Print Server   Druck-Server;   Steuerungseinrichtung für Netzdrucker.

Protokoll   Vereinbarung über Bedingungen bei der Datenübertragung; durch Protokolle werden die Schnittstellenbedingungen zwischen Systemen festgelegt. Regel- und Format-Festlegung für den Datenaustausch.

PU   **P**hysical **U**nit; SNA-Begriff für Endgerätefunktionen.

RAM   **R**amdom **A**ccess **M**emory; Speicher mit direktem Zugriff, veränderbarer interner Speicher eines Computers. Im RAM sind während eines Programmlaufes die Basisteile des Programmes sowie Teile der zu verarbeitenden Daten abgelegt.

Repeater   Signalverstärker.

ROM   **R**ead **O**nly **M**emory;   Nur-Lese-Speicher,   auch   CD-ROM.   Externes Speichermedium, welches nur auf Lesefunktionen reagiert.

Router   Einrichtung im Netz, mit der Hauptaufgabe, den optimalen Weg eines Datenpaketes zwischen Quelle und Senke zu ermitteln.

RS-232C   Schnittstellenstandard   aus   Amerika, analog zu V.24.

Schnittstelle   Definierter Übergang zwischen zwei Programmen, Systemen oder Geräten; Berührungspunkt oder „Übergabebereich" zwischen zwei eigenständigen Modulen.   Schnittstellenstandardisierung ist eine wichtige Forderung für das reibungslose Funktionieren heterogener Systeme.

SDLC   **S**ynchronous **D**ata **L**ink **C**ontrol; bitorientiertes Protokoll von IBM in SNA-Netzen.

Server

Rechner, Datenbank oder auch ein Gerät mit dedizierter Funktionalität wie z.B. Fax, Drucker; die Serverfunktion steht mehreren Clients zur Verfügung, vor allem bei Vernetzung.

SI

Service **I**ndicator; im ISDN ein Zeichen bzw. Signal, welches gesendet wird, um die Art des gerade benutzten Services zu identifizieren.

SMDS

Switched **M**ultimegabit **D**ata **S**ervice; amerikanischer Hochgeschwindigkeitsservice auf der Protokollbasis 802.6, bekannt als „Datenautobahn".

SNA

System **N**etwork **A**rchitecture; die IBM-Netzwerkarchitektur. Ein typischer Vertreter eines sog. geschlossenen Systems.

Software

Sammelbegriff für alle Programme, Betriebssysteme und Netzwerkkomponenten, die nicht Hardware sind. Im weitesten Sinn gehören hierher auch die Dokumentationen, Handbücher und Regelwerke.

SPOOL

Simultaneous **P**eripherial **O**peration **On L**ine; Systemprogramm (Subsystem) zur gleichzeitigen Abarbeitung von Ein- und Ausgabewarteschlangen.

SQL

Structured **Q**uery **L**anguage; mittlerweile etablierter Quasi-Standard für Datenbankabfragen. Unterstützt primär relative und objektorientierte DB's.

Switch

Schalter; kann sowohl Hardware sein als auch softwareseitig.

S_0

ISDN-Teilnehmerschnittstelle mit 2 B-Kanälen (je 64 Kbit/s) und einem D-Kanal (16 Kbit/s).

S_{0FV}

wie S_0, jedoch für Festverbindungen Gruppe 2.

S_{2M}	Teilnehmerschnittstelle mit 30 B-Kanälen (je 64 Kbit/s) und einem D-Kanal (64 Kbit/s).
S_{2MFV}	sie S_{2M}, jedoch für Festverbindungen Gruppe 2.
TA	**T**erminal-**A**dapter; Anpassungseinrichtung für nicht ISDN-fähige Endgeräte an das ISDN.
TAE	**T**elekommunikations **A**nschalte-**E**inrichtung; Standard-Steckverbindung zum Anschluß analoger Endgeräte wie Telefon, Anrufbeantworter, Fax, Modem.
Task	Aufgabe; jedes gestartete Programm wird während dessen Laufzeit als Task bezeichnet.
TCAM	**T**ele**c**ommunication **A**ccess **M**ethod; die Basiszugriffsmethode für die DFV bei IBM.
TCP/IP	**T**ransmission **C**ontrol **P**rotocol / **I**nternet **P**rotocol; ein weit verbreitetes Netzwerkprotokoll für die Vernetzung heterogener Systeme.
Telefax	(facsimile); Fernkopierdienst der DBP Telekom im Telefonnetz.
Telematik	**Tele**kommunikation und Infor**matik**; Kombinationsbegriff.
Teletex	Dienst im IDN und ISDN, welcher für die originalgetreue Übertragung von Textdokumenten zuständig ist.
Telex	Fernschreibdienst; früher lochstreifengesteuert, das bis heute weltweit am meisten verbreitete Text-Netz.
Temex	**Te**le**me**try **Ex**change; Fernwirkung, Fernsteuerung. Einrichtung zum Steuern und Überwachen entfernt stationierter Computer, Maschinen und Systeme.

TK-Anlage	Telekommunikations-Anlage; privates Telefonie-Vermittlungssystem, siehe PABX. Dank digitaler Technik auch für sog. Non-Voice-Informationen nutzbar.
Token Ring	Netzwerktopologie; verbreitet in LAN´s von IBM etc. Die angeschlossenen Geräte sind untereinander ringförmig verbunden.
TSO	Time Sharing Option; Subsystem des MVS-Betriebssystems von IBM auf Mainframes. Mit Hilfe des TSO können mehrere Nutzer direkt mit dem Großrechner per Terminal kommunizieren.
Übertragungsrate	Übertragungsleistung in bit pro Sekunde, bei ISDN 64 Kbit/s.
Vermittlungsstelle	Knotenpunkt in einem Netz, hier ISDN-Vermittlungsstelle.
VINES	Virtual Networking System; das Netzbetriebssystem von Banyan.
VSAT	Very Small Aperture Terminal; Datenkommunikation via Satellit.
VTAM	Virtual Telecommunication Access Method; das Basiszugriffssystem bei IBM-Großrechnern auf die Telekommunikationsgeräte und Protokolle. Im Grunde die Verbindung zwischen den Programmen und der Datenübertragung.
V.24	CCITT-genormte Modem-Schnittstelle als Port am Computer. Bei PC's als COM-Schnittstelle bekannt. Dient der seriellen Übertragung von Daten.
WAN	Wide Area Network; das ist ein überregionales Netz. Die Integration eines öffentlichen Netzwerkes ist dabei unerläßlich.
WORM	Write once Read multiple; optischer Speicher, der nur einmal beschrieben werden kann, dient häufig zur Speicherung von Dokumenten.

X.21	CCITT-Schnittstelle für Leitungsvermittlung, das Standardprotokoll für alle Geräte und Einrichtungen für leitungsvermittelnde Datenübertragung.
X.25	CCITT-Schnittstelle für Paketvermittlung, das Standardprotokoll für alle Geräte und Einrichtungen für paketvermittelnde Datenübertragung.
X.200	CCITT-Empfehlung für den standardisierten Datenaustausch.
X.400	ISO-Standard für Mailboxen. Bei Telekom wird der Telebox-400-Dienst angeboten.
1TR6	Das nationale ISDN-Standardprotokoll, von der FTZ DBP Telekom.

Anhang B: DBP-spezifische Abkürzungen

Hier finden Sie einige wichtige Abkürzungen, die im Zusammenhang mit ISDN und Publikationen der DBP Telekom immer wieder auftreten.

ACM	adress complete message
AGRU	Anrufumleitung zur Ansage geänderter Rufnummern
ANS	answer message
APE	abgesetzte periphere Einheit
Arb/Anw	Arbeitsanweisung
Asl	Teilnehmeranschlußleitung
ATM	asynchronous transfer mode
aTVSt	aufnehmende ISDN-Teilnehmervermittlungsstelle
Autex	Telex- und Teletexauskunft
AWD	automatische Wähleinrichtung für Daten
AWS	Anrufweiterschaltung
A-Teilnehmer	anrufender Teilnehmer
A-VSt	Ursprungs-Vermittlungsstelle einer Verbindung
a/b-Schnitt-stelle	Kupferschnittstelle am analogen Fernsprechapparat
A/D	Analog/Digital-Wandlung
BaAs	Basisanschluß
BAKT	Basisanschlußkonzentrator
BAPT	Bundesamt für Post und Telekommunikation
BAS	Bündelanschluß
Btx	Bildschirmtext
B-Kanal	Informationskanal mit 64-Kbit/s Leistung
B-Teilnehmer	angerufener Teilnehmer
B-Vst	Zielvermittlungsstelle einer Verbindung

CCITT	Comité Consultatif International Télégraphique et Téléphonique (Internationaler beratender Ausschuß für Telegrafie und Telefonie)
CEPT	Conférence Européenne des Administrations des Postes et des Télécommunications
CONN	Verbindungsannahme oder Connect-Nachricht
CR	Verbindungsanforderung (Connect Recall)
Da	Daten
DATAM	ODA plus DTAM in Kombination
Datex-L	leitungsvermittelndes Datennetz der DBP Telekom
Datex-J	überarbeitete Version des Btx, Datex für Jedermann
Datex-M	Datex-Metropolitan, Telekom-Angebot für MAN
Datex-P	paketvermittelndes Datennetz der DBP
DBP	Deutsche Bundespost
DDV	Datendirektverbindung
DEE	Datenendeinrichtung
DFS	Deutscher Fernmeldesatellit
digital	zweiwertig: Wertigkeitszustände 0 oder 1 (=aus oder ein)
DISC	disconnect, abkoppeln
DIV	digitale Vermittlungsstelle
DIV (ISDN)	ISDN-fähige digitale Vermittlungsstelle
DIVF	digitale Fernvermittlungsstelle
DIVO	digitale Ortsvermittlungsstelle
DM	disconnect mode, auch: Dienstmerkmal
DSV-2-Leitg.	2048-Kbit/s-Digitalsignal-Verbindungsleitung
DTAM	document transfer and manipulation
DTE	Datenendeinrichtung
DÜ	Datenübertragung
DW	Dienstwechsel

D-BT	Teilnehmermodem bei Bildschirmen
D-Echo-Kanal	gespiegelter D-Kanal auf der S_0-Schnittstelle zwischen NT und Endeinrichtung
D-Kanal	Steuerkanal auf der Teilnehmer-Anschlußleitung: - D_{16} = 16 Kbit/s, - D_{64} = 64 Kbit/s
D-Kanal-Protokoll	Das im D-Kanal verwendete Protokoll
EAZ	Endgeräteauswahlziffer
EDIFACT	elektronischer Handelsdatenaustausch (electronic data interchange for administration, commerce and transport)
E-DSS1	european digital subscriber signalling system no. 1
EE	Endeinrichtung mit a/b-Schnittstelle, (i.d.R. ein Modem)
EMV	elektromagnetische Verträglichkeit
ET	exchange termination
ETR	ETSI technical report
ETS	european telecommunication standard
ETSI	European Telecommunication Standards Institute
EVSt	Endvermittlungsstelle
Fax	Telefax (facsimile)
FBO	Fernmeldebauordnung
GBG	geschlossene Benutzergruppe
GrVSt	Gruppenvermittlungsstelle
HA	Hauptanschluß
HDLC	high-level data link control
HKZ	Hauptanschlußkennzeichenangabe
HVSt	Hauptvermittlungsstelle
H_0-Kanal	Breitband-Informationskanal mit Bitrate von 384 Kbit/s
H12-Kanal	Breitband-Informationskanal mit Bitrate von 1920 Kbit/s

IAE	ISDN-Anschlußeinheit
IDA	integrated digital access
IDN	Integriertes Text- und Datennetz
INFO	Informationselement
INS	Integrated Network System
IP	interworking port
ISUP	ISDN-Anwenderteil (ISDN user part)
ISDN-TK-Anl	ISDN-Telekommunikationsanlage
ISO	International Standards Organization
IWV	Impulswahlverfahren
I-Feld	Informationsfeld
JTM	Job Transfer and Management
KDV	Kommunikations-Datenverarbeitung
KVSt	Knotenvermittlungsstelle
KW	Kurzwahltaste
KZU	Kennzeichenumsetzer
LAN	Local Area Network
LAP	Link Access Procedure
LARB	Link Access Procedure for Balanced Mode
LARD	Link Access Procedure for D-Channels
LE	Leitungsendgerät
LRA	lokale Referenznummer
LT	Line Terminal (siehe LE)
MFV	Mehrfrequenzwahlverfahren
MHS	message handling system
MODACOM	Mobile Data Communication
MoU	Memorandum of Understanding
MPX	Multiplexer
MSU	message signal unit
MTP	message transfer part
MVSt	Muttervermittlungsstelle
NET	europäische Norm

NF	Niederfrequenz
NStAnl	Nebenstellenanlage
NT	Netzabschluß (network terminator)
NT1	Netzabschluß mit Funktionen der OSI-Schicht 1
NT2	Netzabschluß mit Funktionen der OSI-Schicht 1-3
N(R)	Empfangslaufnummer
N(S)	Sendelaufnummer
ODA	Open Document Architecture
ODgVSt	Ortsdurchgangsvermittlungsstelle
OGW	Ortsgruppenwähler
ON	Ortsnetz
ONKz	Ortsnetzkennzahl
OPD	Oberpostdirektion
OSI	Open Systems International
OVSt	Ortsvermittlungsstelle
PABX	private automatic branch exchange
PAD	Packet-Assembler/Disassembler
PC	Personal Computer
PCM	Puls-Code-Modulation
PIN	persönliche Identifikations-Nummer
PMK	Punkt-zu-Mehrpunkt-Konfiguration
PMxAs	Primärmultiplexanschluß
PP	ISDN-Pilotprojekt
PPK	Punkt-zu-Punkt-Konfiguration
P-Bit	Poll-Bit
P/F-Bit	Poll/Final-Bit
REJ	reject
REL	release message
REL ACK	release acknowledge-Meldung
RLC	release complete message
RLSD	released message
RNR	receive not ready

RR	receive ready
SAM	subsequent address message
SAP	service access point, D-Kanal-Protokoll
SAPI	service access point identifier, D-Kanal-Protokoll der OSI-Schicht 2
SEP	Signalisierungsendpunkt
SET	Programmiertaste am Telefon
SIO	service information octet, Diensteindikator
SP	Signalisierungspunkt
SPV	semipermanente Verbindung
S_0	Teilnehmerschnittstelle mit der Kapazität von $B + B + D_{16}$
S_{2M}	Teilnehmerschnittstelle mit der Kapazität von $30 \times B + D_{64}$
S_{0FV}	Festverbindung an der S_0-Schnittstelle
S-Frames	Supervisory frames, D-Kanal-Protokoll Schicht 2
S-Kanal	Informationskanal für die Übermittlung von Betriebsinformationen beim Basisanschluß
S-Schnittstelle	siehe S_0 und S_{2M}
S/N	Verhältnis von Nutzsignal (S) zu Störsignal (N = noise)
TA	Terminaladapter, Endgeräteanpassung
TA a/b	Terminaladapter für Endeinrichtungen mit Schnittstellenstandard a/b
TAE	Telekommunikations-Anschluß-Einheit
TA X.21	Terminaladapter für Endeinrichtungen mit Schnittstellenstandard X.21
TA X.25	Terminaladapter für Endeinrichtungen mit Schnittstellenstandard X.25
TE1	ISDN-Endeinrichtung, terminal equipment T1
TE2	Endeinrichtung ohne ISDN-Schnittstellenstandard T2

TEI	terminal endpoint identifier, D-Kanal-Protokoll OSI Schicht 2
Temex	telemetric exchange, Fernwirkung, Fernsteuerung
TF	Transportfunktionsteil
TK	technischer Kundendienst
TKO	Telekommunikationsordnung
TK-Anlage	Telekommunikationsanlage
TK-Dienste	Telekommunikationsdienste
TK-Netz	Telekommunikationsnetz
Tln	Teilnehmer
TR	technische Richtlinie
TTU	Telex-Teletex-Umsetzer
Ttx	Teletex
Ttx_{IDN}	Teletex im IDN
Ttx_{ISDN}	Teletex im ISDN
TVSt	Teilnehmervermittlungsstelle
Tx	Telex, Fernschreiber
U_{G2}	Leitungsschnittstelle des ISDN-Primärmultiplexanschlusses auf Glasfaserbasis
U_{Ko}	Leitungsschnittstelle des ISDN-Basisanschlusses für Kupferleiter, (nationaler Standard)
VSt	Vermittlungsstelle
VSt-T	Transitvermittlungsstelle
VSt-L	Übergangsvermittlungsstelle
VU-S	Verbindungsunterstützungssystem
V.110	CCITT-Empfehlung für TA's mit V.24-Schnittstellen
V.24	CCITT-Empfehlung für internationale Modem-Schnittstellen
WW	Wahlwiederholungstaste
X.1-Klasse	CCITT-Festlegung für Benutzerklassen im Datenkommunikationsbereich

X.21	CCITT-Festlegung für Schnittstellen zur leitungsvermittelnden Datenübertragung
X.25	CCITT-Festlegung für Schnittstellen zur paketvermittelnden Datenübertragung
X.30	CCITT-Empfehlung für TA's mit X.21-Schnittstellen
X.31	CCITT-Empfehlung für TA's mit X.25-Schnittstellen
ZVSt	Zentralvermittlungsstelle
1TR6	nationales ISDN-Protokoll

Anhang C: CCITT-Empfehlungen für ISDN

***Gruppe I.100*:**

I.110 Vorwort und allgemeine Struktur der I.-Empfehlungen

I.111 Beziehungen mit anderen Empfehlungen, die für ISDN bedeutsam sind

I.112 Definition von ISDN-Begriffen

I.113 Definition von B-ISDN (Breitband)

I.121 Breitbandaspekte im ISDN

I.122 Rahmenbedingungen für neue ISDN-Paketdienste

I.130 Methode zum Beschreiben von Telekommunikationsdiensten und Netzeigenschaften im ISDN

I.140 Merkmale zum Beschreiben von Telekommunikationsdiensten und Netzeigenschaften

I.141 Merkmale zum Beschreiben der Gebührenerfassung im ISDN

***Gruppe I.200*:**

I.200 Leitfaden durch die Empfehlungsserie I.200

I.210 Prinzipien der Definition von Diensten im ISDN

I.220 Dynamische Beschreibung von leitungsvermittelten Diensten im ISDN

I.221 Gemeinsame Eigenschaften und Definitionen von Diensten im ISDN

I.230 Definition von Transportdiensten im ISDN

I.231 Leitungsvermittelte Transportdienste im ISDN

I.232 Paketvermittelte Transportdienste im ISDN

I.240 Definition von Telediensten im ISDN (Standardisiert)

I.241 Teledienste im ISDN (Standardisiert)

I.250 Definition von Dienstmerkmalen im ISDN

I.251 Dienstmerkmale zur Rufnummernidentifikation

I.252   Dienstmerkmale zum Anrufangebot

I.253   Dienstmerkmale zum Herstellen von Verbindungen

I.254   Dienstmerkmale für Mehrpunktverbindungen
(Konferenzen)

I.255   Dienstmerkmale für das Bilden von Teilnehmergruppen

I.256   Dienstmerkmale zur Gebührenanzeige

I.257   Dienstmerkmale für zusätzliche Informationsübermittlung

Gruppe I.300:

I.310   ISDN - funktionale Prinzipien

I.320   ISDN-Protokollmodell

I.324   ISDN-Architektur

I.325   Bezugskonfiguration für ISDN-Verbindungen

I.32x   Hypothetische ISDN-Bezugsverbindungen

I.330   Numerierung und Adressierung im ISDN

I.331   Numerierungsplan für ISDN

I.332   Numerierungsprinzipien für das Zusammenarbeiten
von Netzen mit anderen Numerierungsplänen

I.333   Endgeräteauswahl am ISDN-Anschluß

I.334   Beziehung zwischen ISDN-Rufnummern / Subadressen
und der OSI-Netzadresse

I.335   Prinzipien der Leitweglenkung im ISDN

I.340   ISDN-Verbindungstypen

I.350   Allgemeine Aspekte zur Dienst- und Netzgüte
in digitalen Netzen

I.351   Empfehlungen anderer Serien mit Netzgütedefinitionen, die
am T-Bezugspunkt des ISDN gelten

I.352   Richtwerte für Verbindungsaufbauzeiten im ISDN

Gruppe I.400:

I.410   Allgemeine Aspekte und Prinzipien der
ISDN-Teilnehmer-Schnittstellen

I.411   ISDN-Teilnehmerschnittstellen: Bezugskonfiguration

I.412   ISDN-Teilnehmerschnittstellen: Strukturen und
Eigenschaften

I.420   Schnittstelle für den ISDN-Basisanschluß

I.421   Schnittstelle für den Primärratenanschluß

I.430   ISDN-Basisanschluß: Schicht-1-Spezifikation

I.431   ISDN-Primärratenanschluß: Schicht-1-Spezifikation

I.440   Allgemeine Aspekte des D-Kanal-Protokolls,
Schicht 2   (Q.920)

I.441   D-Kanal-Protokoll, Schicht-2-Spezifikation   (Q.921)

I.450   Allgemeine Aspekte des D-Kanal-Protokolls,
Schicht 2   (Q.930)

I.451   D-Kanal-Protokoll, Schicht-3-Spezifikation   (Q.931)

I.452   D-Kanal-Protokoll, Schicht 3, allgemeine Prozeduren
zum Steuern von Dienstmerkmalen   (Q.932)

I.460   Bitratenadaption, Multiplexstruktur und Anpassung von
Nicht-ISDN-Endgeräten

I.461   Anpassen von Endgeräten nach X.21/X.21bis   (X.30)

I.462   Anpassen von Endgeräten nach X.25   (X.31)

I.463   Anpassen von Endgeräten mit V-Schnittstellen   (V.110)

I.464   Bitratenadaption, Multiplexstruktur für eingeschränkte
64Kbit/s-Übertragung (56Kbit/s)

I.465   Anpassung von Endgeräten mit V-Schnittstellen durch
statisches Multiplexen   (V.120)

I.470   Beziehung von Endgerätefunktionen zu Netzfunktionen

Gruppe I.500:

I.500   Allgemeine Struktur der Empfehlungen über die
Zusammenschaltung von Netzen

I.510   Definitionen und Prinzipien des "Interworking"

I.511   ISDN-ISDN-Zusammenschaltung, Schicht-1-Schnittstelle

I.515   Austausch von Parametern für ISDN-Interworking

I.520   Allgemeine Regeln für das Interworking
verschiedener ISDN

I.530   Interworking zwischen dem ISDN und dem Telefonnetz

I.540   Allgemeine Regeln für das Interworking des ISDN
mit leitungsvermittelnden Datennetzen   (X.321)

I.550   Allgemeine Regeln für das Interworking des ISDN
mit paketvermittelnden Datennetzen   (X.325)

I.560   Anforderungen an das ISDN für die Unterstützung
des Telexdienstes   (X.202)

Gruppe I.600:

I.601   Allgemeine Prinzipien der Wartung von
ISDN-Anschlüssen

I.602   Anwendung der Wartungsprinzipien für die
Installation beim Teilnehmer

I.603   Anwendung der Wartungsprinzipien für
den Basisanschluß

I.604   Anwendung der Wartungsprinzipien für
den Primärratenanschluß

I.605   Anwendung der Wartungsprinzipien für Basisanschlüsse
im statischen Multiplex (Basisanschluß-MPX)

aus: CCITT-Empfehlungen der I-Serie von J.Claus, R.v.Decker's

Verlag, Heidelberg, ISBN: 3-7685-3560-6

Anhang D: Begriffe der DBP Telekom

Die DBP-Telekom benutzt in ihren ISDN-spezifischen Publikationen internationale Fachbegriffe aus dem anglikanischen Sprachgebrauch. Im Zuge der Internationalisierung ist dies unvermeidlich und trägt dazu bei, bestimmte Fachbegriffe eindeutig zu identifizieren. Die CCITT hat in ihrer Empfehlung I.112 eine Reihe von Begriffen festgelegt. Im Rahmen dieses Buches kann hier natürlich kein umfassendes und komplettes Lexikonwerk bereitgestellt werden. Dennoch sollen die wichtigsten und häufigsten Terminologien aufgeführt und kurz erläutert werden, einschließlich deren Übersetzung.

access capability (Zugriffskapazität): darunter versteht man die Anzahl der Zugriffskanäle und der Typisierung an einer ISDN-Teilnehmer-Schnittstelle, welche zu Zwecken der Telekommunikation zur Verfügung stehen.

access protocol (Zugriffsprotokoll): eine bestimmte Anzahl an Prozeduren, welche an einer Bezugspunkt-Schnittstelle zwischen dem Netz und dem Teilnehmer verwendet werden, um die Netzdienste nutzbar machen zu können.

bearer service (Transportdienst): derjenige Telekommunikationsdienste-Typ, der zur digitalen Signalübertragung zwischen zwei Teilnehmerschnittstellen dient.

channel (Kanal): hier ist im Sinne der allgemeinen Telekommunikation ein Übertragungskanal gemeint. Im ISDN versteht man darunter das bidirektionale Übertragungsmittel.

channel-associated signalling (sprechkreisgebundene Zeichengabe): Methode zur Zeichengabe, welche direkt einem Sprechkreis zugeordnet wird.

common channel signalling (Zentralkanalzeichengabe): Zeichengabemethode, bei der sich die Informationen auf mehrere Funktionen und Stromkreise beziehen. Die Übermittlung erfolgt über einen gemeinsam benutzten Zeichengabekanal.

communication (Kommunikation): allgemeiner Begriff für die Übertragung von Informationen mit vordefinierten Konditionen.

connection (Verbindung): die Reihenschaltung von Übertragungskanälen und vermittlungsfunktionalen Einheiten zwecks Übermittlung von Signalen zwischen zwei oder mehr Punkten in einem Telekommunikationsnetz.

digital circuit (digitaler Stromkreis): die Kombination von zwei digitalen Übertragungskanälen zur bidirektionalen Signalübertragung zwischen zwei Endpunkten. Hierbei wird eine bestimmte Kommunikationsform unterstützt.

digital network (digitales Netz): eine Kombination von digitalen Netzknoten und Verbindungseinrichtungen für die integrierte Übertragungs- und Verbindungstechnik zwischen mehreren Endpunkten zu Kommunikationszwecken zwischen jedem Punkt.

digital signal (digitales Signal): ein zweiwertiges, zeitdiskretes Signal mit vordefinierten Informationswerten. Das heißt nichts anderes, als daß eine bestimmte Bitfolge zur Darstellung einer bestimmten Information vorherbestimmt sein muß.

digital switching (digitale Vermittlung): die Vermittlung zwischen Endeinrichtungen, die zur Signalübermittlung in digitaler Form zeitlich begrenzt bestimmte Werte annehmen kann. Der Wertevorrat ist dabei allgemein begrenzt.

digital transmission (digitale Übertragung): die digitale Signalübertragung über einen oder mehrere Kanäle. Die Signale sind dabei in einem vorherbestimmten diskreten Zustand.

exchange (Vermittlungsstelle): ein Netzknoten für Teilnehmerverbindungen. Die Kombination von verkehrstragenden Einrichtungen für unterschiedliche Dienste im Netzwerk.

interface (Schnittstelle): die gemeinsame Grenze zwischen zwei Systemen oder Netzen.

interface structure, ISDN user-network interface structure (ISDN-Schnittstellenstruktur): Anzahl und Typen von Zugriffskanälen, die an der Teilnehmerschnittstelle zum ISDN-Netz zur Verfügung stehen.

ISDN = Integrated Services Digital Network (diensteintegrierendes digitales Fernmelde-Netz): ein digitales Netz für Verbindungen zwischen Teilnehmerschnittstellen, wobei unterschiedliche Dienste integriert zur Verfügung gestellt werden.

ISDN connection (ISDN-Verbindung): die Verbindung zwischen ISDN-Schnittstellen innerhalb des ISDN-Netzes.

ISDN connection attribute (ISDN-Verbindungsmerkmal): vorherdefinierte Eigenschaften einer ISDN-Verbindung.

ISDN connection type (ISDN-Verbindungstyp): eine ISDN-Verbindung mit bestimmten Merkmalen, welche sich von Verbindungen mit anderen Merkmalen unterscheidet.

network (Netzwerk, Telekommunikationsnetz): eine Kombination von Netzknoten und Verbindungseinrichtungen zum Zwecke der Kommunikation zwischen zwei oder mehr Endpunkten, wobei jeder Punkt mit jedem anderen im Netz kommunizieren kann.

network termination (Netzabschluß): die übertragungstechnische Einrichtung für den Netzabschluß unter Kontrolle des jeweiligen Netzzugriffsprotokolls.

physical interface (physikalische Schnittstelle): die elektrische und/oder mechanische Verbindungsschnittstelle zwischen zwei Geräten.

point-to-multipoint ISDN connection (Punkt-zu-Mehrpunkt-ISDN-Verbindung): die ISDN-Verbindung einer ISDN-Schnittstelle mit mehreren anderen ISDN-Schnittstellen.

point-to-point-connection (Punkt-zu-Punkt-Verbindung): eine Verbindung zwischen zwei festgelegten Schnittstellen.

reference configuration (Bezugskonfiguration): die funktionale Zusammenfassung von Bezugspunkten und -Gruppen für bestimmte Netzwerkteile.

reference point (Bezugspunkt): der konzeptionelle Punkt zwischen funktionalen Gruppierungen, welche sich nicht überlappen.

service (Dienst): hier der allgemeine Begriff für Telekommunikationsdienste aller Art.

service attribute (Diensmerkmal): die vorherdefinierte Eigenschaften eines bestimmten Dienstes.

signalling (Zeichengabe): der allgemeine Informationsaustausch für den Verbindungsaufbau, -Abbau und permanente Kontrolle innerhalb eines Telekommunikationsnetzes.

switching (Vermittlung): die Verbindung von funktionalen Einheiten, zeitlich begrenzt. Die Verbindung besteht solange, wie sie zur Informations- und Signalübermittlung benötigt wird.

teleservice (standardisierter Dienst): ein Dienstetyp für alle Kommunikationsmöglichkeiten zwischen den Teilnehmern einschließlich der Endgerätefunktionen und Protokolle.

terminal equipment (Endeinrichtung): Einrichtung für die Realisierung des Zugriffsprotokolls des Teilnehmers.

transmission (Übertragung): die Signalübermittlungsprozedur zum Zwecke der Signalübermittlung zwischen zwei Punkten.

user (Anwender, Benutzer): eine technische Einrichtung oder auch Person, welche die Dienste bzw. Dienstemerkmale in einem Telekommunikationsnetz in Anspruch nimmt.

user access, user network access (Benutzerzugriff): ein bestimmtes Mittel, das einen Benutzer befähigt, bestimmte Dienste in einem Telekommunikationsnetz zu nutzen.

user network interface (Teilnehmer-Netzschnittstelle): Schnittstelle zwischen Netzabschluß und Endeinrichtung. Hierbei finden die Zugriffsprotokolle ihre Anwendung.

user-user protocol (Anwender-Anwender-Protokoll): das Protokoll zwischen zwei oder mehreren Anwendern im Netz, welches die Kommunikation untereinander gewährleistet.

13 Abbildungsverzeichnis

Bildnummer	Beschriftung	Seite
Bild 1-1:	EBCDIC-Code	3
Bild 1-2:	ASCII-Code	3
Bild 1-3:	Menu-Beispiel von IBM's TSO/ISPF	6
Bild 1-4:	Beispiel für die GUI Windows	7
Bild 1-5:	Job für eine Batch-Auswertung, IBM-JCL	9
Bild 1-6:	Beispiel einer Online-Konfiguration	10
Bild 1-7:	Maschennetz im Telefonverkehr	15
Bild 1-8:	Weitere Netztopologien	16
Bild 1-9:	Eine Netzstruktur	18
Bild 1-10:	Das OSI/ISO-7-Schichten-Referenzmodell	20
Bild 1-11:	Das OSI-Modell, anders dargestellt	21
Bild 2-1:	Verbund von PC-Netz und Mainframe	27
Bild 2-2:	Typisches LAN-Netzwerk	31
Bild 2-3:	ISDN for Workgroups im Windows	39
Bild 2-4:	Client-/Server-Modell	40
Bild 3-1:	Vermittlungsstellen-Hierarchie und die Kennzahlen	44
Bild 3-2:	Maschenstruktur des öffentlichen Netzes	45
Bild 4-1:	Btx-Prinzip	52
Bild 4-2:	Tarifzonen und Verbindungsdauer in Sekunden	59
Bild 4-3:	Verbindungsdauer und Tarife nach Zonen	59
Bild 4-4:	Mobilfunk-Anschlüsse	60
Bild 4-5:	Mobilfunkgebühren und Sonderservicenummern in DM	60

Bildnummer	Beschriftung	Seite
Bild 4-6:	Datex-P-Grundgebühren	61
Bild 4-7:	Datex-P-Volumengebühren	61
Bild 4-8:	Datex-L-Monatsgebühren	62
Bild 4-9:	Datex-L-Verbindungstarife	63
Bild 5-1:	ISDN-Anschlußarten	72
Bild 5-2:	Digital-Analog-Verbindungen	73
Bild 5-3:	Prinzip der Sprachumsetzung in digitale Darstellung	75
Bild 5-4:	Mögliche Konfiguration in einem Basisanschluß	77
Bild 5-5:	ISDN-Verbindungsmöglichkeiten	80
Bild 5-6:	Prinzip der gemixten Übertragung	82
Bild 5-7:	ISDN und Analogtelefon – Grundgebühren	84
Bild 5-8:	Euro-ISDN Grundkosten	85
Bild 5-9:	Monatliche Grundgebühren – Gebührenvergleich	85
Bild 5-10:	Datex-P Übergänge	85
Bild 6-1:	ISDN und konventionelle Endgeräte über TA's	88
Bild 6-2:	PC -> CAPI -> ISDN-Karte	91
Bild 6-3:	B-Kanal-Bündelung bei Bedarf	99
Bild 7-1:	Der PC als ISDN-Endgerät	106
Bild 7-2:	chema der Applikationen und allgemeine Serverdienste	117
Bild 7-3:	CAPI und das Umfeld	129
Bild 7-4:	APPLI/COM und das Umfeld	130
Bild 7-6:	Verbreitung der Netzwerkbetriebssysteme in der BRD	132
Bild 8-1:	Die Klassifizierung von ISDN-Anwendungen	138
Bild 8-2:	Matrix der benötigten ISDN-Dienste nach Abteilungen	138

Literaturverzeichnis

„Bürokommunikation und Akzeptanz"
von Reinhard Helmreich, net-Buch, Telekommunikation,
R.v.Decker's-Verlag, Heidelberg, 1991,
ISBN 3-7685-0991-5;

„CCITT-Empfehlungen der I-Serie " von J.Claus, R.v.Decker's
Verlag, Heidelberg, ISBN: 3-7685-3560-6;

„Client-Server" von Marek Wojcicki, CW-Editionen, Computer-
woche, München, 1993, ISBN 3-9803373-2-4;

„Client-Server-Strategien" von Wilfried Heinrich,
Datacom Verlag, Bergheim, 1993, ISBN 3-89238-076-7;

„Computer-Lexikon" von Grieser/Irlbeck, Beck EDV-Berater im
dtv, Verlag, C.H.Beck, München, 1993, ISBN 3-423503023;

„Computer '94" von Ulrich Heizmann, WRS Verlag, Planegg,
1994, ISBN 3-8092-1033-1;

„Das aktuelle Handbuch der PC-Netze" von Jürgen Grimmer,
Forum-Verlag,Herkert Gmbh, Kissing, 1994, ISBN 3-927766-44-5;

„Das OSI-Referenzmodell" von Klaus H. Stöttinger.
Datacom-Verlag, Bergheim, 1989, ISBN 3-89238-021-X;

„Das Telekom-Buch '93/'94" von der Deutschen Bundespost
Telekom, Bonn;

„Daten-Übertragung und -Fernverarbeitung" von Karl Oettl,
Sammlung Göschen, Walter de Gruyter Verlag, Berlin, 1974,
ISBN 3-1100-4044-1;

„Der EDV-Berater" von M.-A. Beisecker,
Verlag Norman Rentrop, Bonn, 1994;

„*Der PC im ISDN*" von Volker Fink und Eckhard Oberfrank, Neue Medien-Gesellschaft Ulm mbH, 1993, ISBN 3-923759-63-0;

„*Der PC im Netz*" von Göring/Jasper, Datacom-Verlag, Bergheim, 1991, ISBN 3-89238-025-2;

„*EDV-Fachbegriffe - kurz und bündig -*" von Georg Heinrich, WRS-Verlag, Planegg, 1991, ISBN 3-8092-0830-2;

„*Fehlersuche in Lokalen Netzen*", von Kyas, Heim Datacom-Verlag, Bergheim, 1993, ISBN 3-89238-071-6;

„*Grundseminar Bürokommunikation*" von der Deutschen Bundespost Telekom, Hanau, 1994, Seminarunterlagen;

„*Innerbetriebliche Telekommunikation mit ISDN*" von Knut Bahr, net-Buch Telekommunikation, R.v.Decker's-Verlag, Heidelberg, ISBN 3-7685-1992-9;

„*ISDN-Berater*" von der Arbeitsgemeinschaft Büro-Kommunikation GmbH, Montabaur, 1991, Deutsche Bundespost Telekom;

„*ISDN - das neue Fernmeldenetz der Deutschen Bundespost Telekom*" von Peter Kahl, R.v.Decker's Verlag, Heidelberg, 1992, ISBN 3-7685-0592-8;

„*ISDN im Einsatz*" von Anatol Badach, Datacom-Verlag, Bergheim, 1994, ISBN 3-89238-082-1;

„*ISDN - Na und ?*" von Nolden, Voigt, Bartelt, AWi Verlag München, 1994, ISBN 3-930493-00-4;

„*LAN - Computer im Netz*" von Rolf-Dieter Köhler, Verlag Technik GmbH, Berlin, München, Reihe Praktische Informatik, 1994, ISBN 3-341-01078-5;

„*Lexikon der PC-Fachbegriffe*" von Wolfgang Dietzel, WEKA-Fachverlag, Augsburg, 1991, ISBN 3-8111-8180;

„Netze und Dienste der Deutschen Bundespost Telekom"
von Albert, Albensöder, R.v.Decker's Verlag, Heidelberg, 1990,
ISBN 3-7685-4189-4;

„Netzwerke" von Baer/Pinegger, R.v.Decker's Verlag, Heidelberg, 1991, ISBN 3-7685-1091-3;

„Netzwerke und Kommunikation, ein Lexikon", von Edith
Sollfrank, Awi Verlag GmbH, Trostberg, LANline compact;

„PC-Grundwissen" von Alfred Roßkamp, Beck EDV-Berater im
dtv, München, 1993, ISBN 3-4235-0118-9 / 3-4063-6818-2;

„Stichwörter der Telekommunikation" von SEL/ALCATEL,
Fachverlag Schiele & Schön GmbH, 1988, ISBN 3-7949-0491-5;

„Telekommunikation" von Heinz Schulte, WEKA-Fachverlag
Augsburg, 1994, ISBN 3-8111-2175-8;

„Windows für Workgroups" von Peter Vogel, Falken-Verlag,
Niedernhausen, 1993, ISBN 3-8068-4381-3;

„Windows im Netz" von Smadja, Scholz, Mossmüller, Markt &
Technik, Haar, 1992, ISBN 3-87791-366-0

Druckschriften und Sonderdrucke der Firmen:

- Acotec,
- AVM,
- CAP Gemini,
- DBP Telekom,
- DEC Digital Equipment,
- Diehl,
- Gupta,
- IBM,
- Microsoft,
- Novell,
- PC-Calc,
- SEL-Alcatel,
- Siemens,
- Sybase.

Nachwort

Die Telekommunikation mit ihren vielfältigen Erscheinungsformen nimmt bereits in der Gegenwart eine zentrale Stellung ein. Die Evolution der EDV ist in vollem Gange. Die allgemeine Verbreitung der Computer in ihren unterschiedlichen Ausprägungen und deren Akzeptanz trägt wesentlich dazu bei, daß die Informationsverarbeitung als solche in der Gesellschaft eine wesentliche Rolle im täglichen Leben spielt. Diese Feststellung kann sowohl auf geschäftlicher Ebene als auch im privaten Bereich getroffen werden.

Es ist eine Binsenweisheit, daß die drei klassischen „Produktionsfaktoren" Kapital, Boden und Arbeit längst einen vierten „Kollegen" bekommen haben, nämlich die Information.

Datenverarbeitung und Kommunikation wachsen zusammen. Die Grundlage für beide Bereiche stellt bekanntlich die Information dar. Deshalb wird in Zukunft der Begriff „Informationstechnologie" für die Klassifizierung aller Arten der Informationsverarbeitung stehen. Die lokale, regionale und internationale Beziehung von Kommunikationspartnern untereinander setzt ein reibungslos funktionierendes Medium voraus. Die Entwicklung von ISDN stellt ganz sicher einen wichtigen Schritt zur Harmonisierung von Kommunikationsbeziehungen aller Art dar. Man muß allerdings das weitere Geschehen im Markt beobachten. Privatisierungsbestrebungen der Netzbetreiber werden noch großen Einfluß auf die wesentlichen Komponenten wie quantitative Bewältigung der Informationsflut, qualitative Leistungen, Kosten-/Nutzen-Verhältnis und globale Akzeptanz einnehmen. Technisch gesehen erfüllt die konsequente Digitalisierung der Netzwerke eine wesentliche Voraussetzung für künftige Weiterentwicklungen.

Sachwortverzeichnis

1TR6 78,83,170

A

a/b 151
a/b-Schnittstelle 87
a/b-Terminaladapter 109
A/D-Wandlung 89
Adapter 151
AK-API 128
Akustikkoppler 100
analog 151
Analog-/Digital-Umsetzung 89
ANSI 151
API 151
APPC 151
APPLI/COM 129
APPLI/COM 151
APPN 151
ASCII 152
ASCII-Code 2,33
ASCII-Zeichen 21
ATM 81, 152

B

B-ISDN 81
B-Kanal 76, 78, 97, 121, 153
BaAs 152
Backbone 49, 152
Backend 152
Bandbreite 152
Bandwith on demand 97
Banyan Vines 29
Basisanschluß 75, 152
Basiskanal 152

Batch 27
Batchverarbeitung 8
Baud 2, 152
Bearer Services 68
Bildtelefon 108
Bit 2, 152
bit/s 16, 85
Block 153
board 153
Boards 28
Breitband-ISDN 153
Breitbandnetz 153
Bridge 17, 153
Brouter 153
Btx 51,86,113, 124, 153
Bus 153
Bustopologie 15
Byte 2,153
BZT 97

C

CAD 154
CAM 154
CAPI 90,127,154
CBT 107, 154
CBT (Computer
   Based Training) 145
CBX 154
CCITT 65,90,154
CCITT-Empfehlungen X.25 49
CD-ROM 12,28
CEPT 154
Channel-Bundling 97
CICS 32,154
CIT 141,154
CIT/CBT 142

Client 40,154
Client-/Server 5, 39
Client/Server-Modell 116
Clients 32
Common-ISDN-API 127, 154
Compuserve 57, 125
Compuserve-Dienst 86
Controller 34
CPU 155
CSMA/CD 34,155

D

D-Kanal 76,78,90,95,157
D-Kanal-Protokoll 83,90
D/A 155
Datagram 155
Dateitransfer 11
Datendirektverbindung 85,94,155
Datenendeinrichtungen 17
Datenstation 155
Datex-J 51,113,124,155
Datex-L 46,50,56,155
Datex-M 81,155
Datex-P 46,49,156
Datex-P-Netz 80
Datex-P10 50
Datex-P20 50
DB/2 156
DBMS 156
DDV 85,94,156
DEE 17,50,51,156
DFÜ 156
DFV 156
Dialogprocessing 9
digital 156
Digital-Prinzip 24
Directory 157
DISOSS 157
DIVO 157
DL/1 157
DOS 28,130,157
Downsizing 5,40,118,157

DÜ 157
Dual-Prinzip 24
DÜE 157
duplex 96
Duplex-Betrieb 157
DVSt-L 157
DVSt-P 158
DVSt-P 49

E

E-DSS1 83,158
E-Mail 123
EAZ 69,77,158
EBCDIC 158
EBCDIC-Code 2,21,33
EDI / EDIFACT 86,126,158
EDV 1,158
EG 158
Emulation 158
Endvermittlungsstellen 44
EPBX 158
Ethernet 33,158
ETSI 159
Euro-ISDN 82,83,159
EVSt 44

F

Faxgeräte 109
FDDI 159
Fernmeldetechnische
    Zentralämter 44
Festverbindungen 94
File 12, 159
File-Server 159
Foreground Processing 10
Frame 159
Frame Relay 81
Frontend 159
FTAM 159
FTZ 44,159

FTZ-Zulassung 97
FVV 50,160

G

Gateway 17,32,160
GBG 69,99,160
GroupGate 131
GSM-Netz 47
GUI 131,160
GVV 50

H

halbduplex 96
Halbduplex-Betrieb 160
Harddisc 12,28
Hardware 11,160
Hauptvermittlungsstellen 44
HDLC 160
Helpdesk 146
heterogene Umgebung 19
Heterogenität 4
Hexadezimal 160
HfD 160
Homogenität 119
Host 4,27,161
Hub 17,161
HVSt 44

I

I/O 162
IAE 76,161
IDN 46,161
IDN-Services 56
IEEE 161
IMS/DB 161
IMS/DC 32,161
IN 161
Infonet 124

interaktiv 161
Interface 161
Internet 57,125
Internet-Anschluß 86
Internetworking 161
Interworking Port 162
Interworking Unit 80
IPX 162
IPX-Protokoll 20
ISA-Bus 162
ISDN 65 ff.
ISDN for Workgroups 38,93,131
ISDN-Adapterkarten 87,89,90
ISDN-Client 118
ISDN-Festverbindungen 85,94
ISDN-Gateway 116,121
ISDN-GBG 70
ISDN-PC-Adapterkarten 79
ISDN-Server 117
ISO 162
ISO-Norm 19
ISO/OSI-7-Schichten-Modell 19
ISPBX 107, 108,162
IT 162
ITA Nr. 2 111

J

JCL 162
Job 8,162

K

Kanal 17,162
Knoten 163
Knotenvermittlungsstellen 44
Kommunikations-Server 163
Kompatibilität 163
KVSt 44
KZU 79

L

LAN 4,28,163
LAN-WAN-LAN-Verbindung
    15,32,37,122,131
LAN-WAN-LAN-Verkehr 96
LAN-WAN-Verbindung 144
Laptop 100
Local Area Network 28
LU 163

M

Mail-Systeme 123
Mainframe 4,27,163
MAN 81,163
Microsoft DOS 5
Microsoft LANManager 29
Mobile Datenerfassung 100
MODACOM 142,163
MODACOM-Karten 57
MODACOM-System 101
Modem 28,46,73,95,163
MoU 83,163
Mpx 163
Multimedia 82,133
Multiplexing (MUX) 163
Multitasking 13,164
Multitel 113
MVS 164

N

N-ISDN 81
NCP 164
NDIS 164
NetBIOS 164
NetWare 130,164
NetWare light 35
Netzknoten 17
Novell NetWare 29
NT 164

O

Objektorientierung 41
ODI 164
Oktett 49,164
ON 164
ONKz 45,164
Onlineverarbeitung (siehe Trans-
    aktionsverarbeitung) 9
Ortsnetzkennzahl 45
Ortsvermittlungsstellen 44
OS/2 29,130
OSA 164
OSI 19,165
Outsourcing 5
OVSt 44

P

PABX 107,165
Packet-Handler 80
PAD 50,165
PBX 165
PC 165
PCMCIA 165
PCMCIA-Karten 100
PCN 47
Peer-to-Peer-Networking 165
Peer-to-Peer-Netz 34,38,121
Peripherie 12
Personal Communication
    Network 47
PIN 20,165
Platinen 28
Plotter 12
Port 28
Primärmultiplex 165
Primärmultiplexanschluß 78
Print Server 166
Protokoll 166
Prozessor 12,28
PU 166

R

RAM 12,28,166
Repeater 17,166
Ressourcen-Sharing 32
Rightsizing 5,41
Ringtopologie 15
ROLAND 130
ROM 166
Router 17,166
RS-232 28
RS-232-C-Schnittstelle 110
RS-232C 166

S

S-ISDN 81
S_0 28,75,83,94
S_0-Anschluß 115,121,148
S_0-Schnittstelle 127
S_0-Standard 87
S_{0FV} 94
S_{2M} 78,94,168
S_{2M}-Anschluß 84,92,115
S_{2M}-Schnittstelle 108,148
S_{2MFV} 94,168
Scanner 12,28
Schnittstelle 166
Schnittstellenfunktionsverwaltung 91
SDLC 166
semipermanente Verbindung 71,95
Server 31,40,167
SFV 91
Shared Memory Verwaltung 91
SI 167
SMDS 167
SMV 91
SNA 167
S_O 167
Software 11,167
S_{oFV} 167

SPOOL 167
SPX-Protokoll 20
SQL 167
Stapelverarbeitung 8
Streamer 28
Switch 167

T

TA 168
TA a/b 89
TA Ttx 89
TA X.21 89
TA X.25 89
TAE 43,168
Task 13,168
TCAM 168
TCAM-Module 21
TCP/IP 168
Telebox400-Mailbox-System 123
Telefax 54,168
TeleGate 131
Telematik 168
Teleprocessing 114
Teletex 56,111,168
Telex 55,111,168
Telexnetz 46
Temex 56,168
Terminal-Adapter 89
Terminal-Emulation 33
Terminaladapter a/b 106
Terminaladaptoren 87
Terminalemulator 115
TK-Anlage 169
Token Ring 34,169
Token Ring-Verfahren 15
Transaktion 9
Transaktionsverarbeitung (siehe Onlineverarbeitung) 9
Transceiver 33
TSO 169
TTU 80,112

U

Übertragungsrate 169
UNIX 29

V

V.24 28,169
V.24-Schnittstelle
    87,90,96,107,110
V.35/V.36-Schnittstellen 89
Value Added Services 68
VBN 112
Vermittlungsstelle 169
VINES 169
VSAT 169
Vsat-Netz 142
VTAM 169

W

WAN 169
WAN-Verbindungen 36
Windows 6,29,130
Windows for Workgroups 35,38
WORM 12,169
X.200 170
X.21 170
X.21-Schnittstelle 87
X.25 170
X.25-HDLC-Protokoll 20
X.25-Netz 46,49
X.25-Schnittstellen 89
X.400 170
X.400-Standard 123

Z

Zentralvermittlungsstellen 44
ZVEI 128
ZVSt 44

Online-Recherche – Neue Wege zum Wissen der Welt

von Peter Horvath

1994. XIV, 187 Seiten. Gebunden.
ISBN 3-528-05392-5

Aus dem Inhalt: Entstehung von Datenbanken, Online-Diensten u.a. in den letzten 20 Jahren – Das Retrieval – Bibliographische Hilfsmittel und Online-Recherche – Vorstellung von Datenbankverzeichnissen – Technische Voraussetzungen: Vom Modem bis Datex-P – Beispiele für Online-Recherchen – Adressen und Literatur.

Online-Datenbanken stellen dem Anwender heutzutage einen gigantischen Wissensfundus zur Verfügung. Das Buch zeigt auf, wie man das Instrument der Online-Recherche effektiv nutzen kann, um gesuchte Informationen schnell und gewinnbringend zu finden. Ferner stellt das Buch zahlreiche Datenbanken und deren Wissenspotential vor. Technische Voraussetzungen werden ebenso erläutert wie bibliographische Hilfsmittel und Retrieval-Verfahren. Über ein Adressenverzeichnis sowie über ein Glossar kann sich der Leser wichtige Fachbegriffe erschließen.

Über den Autor: Der Historiker und DV-Fachmann Peter Horvath arbeitet z.Zt. an einer Dissertation über den Einfluß von historischen Datenbanken auf die Geschichtsschreibung (Universität Hamburg).

Verlag Vieweg · Postfach 58 29 · 65048 Wiesbaden

Telekommunikation mit dem PC

von Albrecht Darimont

1993. XII, 380 Seiten. Gebunden.
ISBN 3-528-05377-1

Aus dem Inhalt: Grundbegriffe der Datenfernverarbeitung – Übertragungsarten, Datenfluß, Synchronisationsverfahren, Lokale Netzwerke, Elektronische Briefkästen – Telekommunikation (Telex, Telefax, Videokonferenz, Bildfernsprechen, Cityruf, Mailbox-Systeme, Datex-P-Dienst, TEMEX, DASAT) – Technik (Modem, Btx-Hardwaredekoder und DBT03, Akustikkoppler, Multi-Telefon und Btx-Endgerät, ISDN) – Telekommunikations-Software – Bildschirmtext-Systembeschreibung – Dienstleistungen im Btx – Fenestra – Btx unter Windows – Amaris Btx/2 Plus – Btx im ISDN mit IBTX – Btx unter Novell Netware.

Dieses Buch richtet sich an alle, die die Möglichkeiten moderner Telekommunikationstechniken kennenlernen wollen sowie an PC-Nutzer, die ihren Rechner für die Datenfernverarbeitung nutzen. Zur Sprache kommen die wichtigsten Grundlagen der Datenfernverarbeitung, moderne technologische Verfahren sowie die erforderliche aktuelle Hardware- und Softwarebasis. Zahlreiche Tabellen und Abbildungen machen das Buch zu einem Nachschlagewerk für erfahrene Anwender. Für Programmierer finden sich grundlegende Hinweise zur Entwicklung eigener Anwendungen.

Über den Autor: Albrecht Darimont ist als EDV-Trainer mit Schwerpunkt PC-Anwendungen für einen großen Weiterbildungsträger tätig.

Verlag Vieweg · Postfach 58 29 · 65048 Wiesbaden